上海市工程建设规范

建筑同层排水系统应用技术标准

Technical standard for application of same-floor drainage system in buildings

DG/TJ 08－2314－2020

J 15143－2020

主编单位：华东建筑设计研究院有限公司
批准部门：上海市住房和城乡建设管理委员会
施行日期：2020 年 9 月 1 日

同济大学出版社

2020　上海

图书在版编目(CIP)数据

建筑同层排水系统应用技术标准/华东建筑设计研
究院有限公司主编.--上海:同济大学出版社,2020.6
ISBN 978-7-5608-9197-2

Ⅰ.①建… Ⅱ.①华… Ⅲ.①房屋建筑设备－排水系
统－技术标准－上海 Ⅳ.①TU823.1-65

中国版本图书馆 CIP 数据核字(2020)第 036763 号

建筑同层排水系统应用技术标准

华东建筑设计研究院有限公司　主编

策划编辑　张平官

责任编辑　朱　勇

责任校对　徐春莲

封面设计　陈益平

出版发行　同济大学出版社　www.tongjipress.com.cn

　　　　　(地址:上海市四平路1239号　邮编:200092　电话:021－65985622)

经　　销　全国各地新华书店

印　　刷　浦江求真印务有限公司

开　　本　889mm×1194mm　1/32

印　　张　2.75

字　　数　74 000

版　　次　2020 年 6 月第 1 版　2021 年 3 月第 2 次印刷

书　　号　ISBN 978-7-5608-9197-2

定　　价　25.00 元

上海市住房和城乡建设管理委员会文件

沪建标定〔2020〕144 号

上海市住房和城乡建设管理委员会
关于批准《建筑同层排水系统应用技术标准》
为上海市工程建设规范的通知

各有关单位：

由华东建筑设计研究院有限公司主编的《建筑同层排水系统应用技术标准》，经我委审核，现批准为上海市工程建设规范，统一编号 DG/TJ 08－2314－2020，自 2020 年 9 月 1 日起实施。

本规范由上海市住房和城乡建设管理委员会负责管理，华东建筑设计研究院有限公司负责解释。

特此通知。

上海市住房和城乡建设管理委员会
二〇二〇年三月三十日

前　言

　　根据上海市住房和城乡建设委员会《关于印发〈2017 年上海市工程建设规范编制计划〉的通知》(沪建标定〔2016〕1076 号)要求,由华东建筑设计研究院有限公司会同相关单位组成的编制组,经广泛调查研究,认真总结实践经验,参照国内外相关标准和规范,并在反复征求意见的基础上,制定本标准。

　　本标准的主要内容包括:总则;术语;设计;施工;验收;维护。

　　各单位及相关人员在执行本标准过程中,如有意见和建议,请及时反馈至华东建筑设计研究院有限公司(地址:上海市汉口路 151 号;邮编:200002;E-mail:shh_tcps@126.com),或上海市建筑建材业市场管理总站(地址:上海市小木桥路 683 号;邮编:200032;E-mail:bzglk@zjw.sh.gov.cn),以供修订时参考。

主 编 单 位: 华东建筑设计研究院有限公司

参 编 单 位: 上海市住宅建设发展中心

　　　　　　　同济大学建筑设计研究院(集团)有限公司

　　　　　　　吉博力(上海)贸易有限公司

　　　　　　　上海深海宏添建材有限公司

　　　　　　　北京盛德诚信商贸有限公司

　　　　　　　上海明谛科技实业有限公司

主要起草人: 徐　扬　　冯旭东　　王　珏　　朱家真　　王华星

　　　　　　　李云贺　　归谈纯　　张德明　　白燕峰　　葛　斌

　　　　　　　王连宏　　唐国丞　　赵强强　　陆　萍　　王春阳

　　　　　　　项伟民　　佘佳贝　　杨一林　　俞　鹰

主要审查人:徐 凤 姜文源 张锦冈 王榕梅 杜伟国
高国瑜 钱 敏

上海市建筑建材业市场管理总站
2019 年 11 月

目 次

Contents

1 总　则

1.0.1　为规范建筑同层排水系统的设计、施工、验收和维护,做到技术先进、卫生安全、质量优良、经济合理,制定本标准。

1.0.2　本标准适用于新建、扩建、改建的住宅和卫生间、厨房的配置及使用条件与住宅类似的其他民用建筑内同层排水系统的设计、施工、验收和维护。

1.0.3　建筑同层排水系统中采用的卫生器具、地漏、水封装置、管材、管件、安装配套附件、装配式部品部件等,均应符合国家现行产品标准的相关规定,且应符合本标准的有关规定。

1.0.4　建筑同层排水系统应满足使用功能要求,且不应对用户的健康和安全产生不利影响。

1.0.5　建筑同层排水系统的设计、施工、验收和维护,除应符合本标准外,尚应符合国家、行业和本市现行有关标准的规定。

2 术 语

2.0.1 同层排水 same-floor drainage

　　器具排水管不穿越结构楼板进入下层空间,排水横支管与卫生器具布置在同层并接入排水立管的排水方式。根据管道敷设形式,同层排水分为沿墙敷设和地面敷设两种方式。

2.0.2 沿墙敷设 wall pipe installation

　　器具排水管和排水横支管暗敷在本层结构楼板上方的非承重墙(或装饰墙)内的同层排水方式。

2.0.3 地面敷设 slab pipe installation

　　器具排水管或排水横支管暗敷在本层结构楼板与地面装饰面层之间的同层排水方式。

2.0.4 装配式卫生间 prefabricated bathroom

　　构成卫生间的建筑、结构、建筑内装(地面、隔墙、吊顶等)和管线系统,全部或部分采用标准化设计、工厂化定制生产的单元模块化部品或集成化部品,并在施工现场主要采用干式工法建造、安装的卫生间。

2.0.5 整体卫生间 integrated bathroom

　　以防水底盘、壁板、顶板构成的外框架结构,配设有卫生器具、五金、照明、水电管线等构配件以及一体化内饰,能满足卫浴使用需求的可独立成型的模块化卫生间单元,由工厂定制生产、在施工现场装配而成或在工厂预制集成后整体运至现场进行安装的卫生间。

2.0.6 同层排水地漏 embedded floor drain

　　直埋在建筑结构楼板上的面层中,排出管不穿越楼层的有水封地漏,且水封深度不小于 50mm,也称直埋式地漏。

2.0.7 排水汇集器 drain collector

用于汇集洗脸盆、浴盆等卫生器具和地漏排水并接至排水横支管或排水立管的专用排水附件。

2.0.8 隐蔽式支架 concealed support

固定在承重结构上、安装在非承重墙或装饰墙内的用于支承壁挂式卫生器具、配套冲洗水箱等的专用安装支架。

3 设　计

3.1　一般规定

3.1.1　当要求卫生器具的排水支管不得穿越楼板进入下层用户时,应采用同层排水系统。装配式卫生间宜采用同层排水。

3.1.2　同层排水的系统形式、管道井(管窿)位置、卫生器具布置及选用等,应根据建筑、结构条件并与土建及机电相关专业协调后确定。

3.1.3　同层排水系统的隔声降噪设计应符合现行上海市工程建设规范《住宅设计标准》DGJ 08－20 的相关规定。

3.2　系统形式

3.2.1　同层排水敷设方式应根据建筑功能、建设标准、土建条件、卫生器具布置、装修要求等因素确定,宜采用沿墙敷设。当不满足沿墙敷设条件时,可采用地面敷设。

3.2.2　装配式卫生间应结合装配式建筑的类型、主体结构预留条件、部品部件的装配特性等因素选择同层排水系统形式,并应符合相关技术标准的规定。

3.2.3　同层排水的卫生器具及配件、地漏、排水管材及管件等应根据系统形式选择,同层排水部位的楼地面、墙体等应满足相应系统形式的要求。

3.3 楼地面、墙体及管道井

3.3.1 沿墙敷设的同层排水系统设有地漏时,其最终装饰完成地面至结构楼板面的距离不应大于 150mm。

3.3.2 沿墙敷设的同层排水横支管和器具排水管利用非承重隔墙或装饰墙暗敷时,应符合下列规定:

 1 管道敷设部位的非承重隔墙或装饰墙的墙体厚度或空间应满足管道敷设和隐蔽式部件安装的要求。

 2 非承重隔墙或装饰墙的墙体龙骨、构配件等应具有足够的强度和刚度,并应采取防腐措施。墙体材料应耐压、抗冲击、防水,面层装饰材料宜采用粘贴。

 3 外封非承重隔墙或装饰墙的部位,原墙面应采取防水防潮措施。

 4 有隔声降噪要求时,骨架形式(空心)的外封隔墙或装饰墙应设置隔音材料并充填密实。

3.3.3 地面敷设的同层排水系统应根据地漏、卫生器具的型式及布局、排水立管位置、排水横支管敷设要求等,确定同层排水管道的敷设空间设置方案。

3.3.4 设置整体卫生间时,卫生间建筑空间尺寸应符合现行行业标准《装配式整体卫生间应用技术标准》JGJ/T 467 的有关规定。

3.3.5 同层排水系统的管道井(管窿)设置应符合下列规定:

 1 室内排水立管应敷设在管道井(管窿)内。管道井(管窿)应在每层设置检修门或检修口。

 2 建筑上下层卫生间、厨房的排水立管宜竖向对齐,装配式建筑的卫生间排水立管应竖向对齐。

 3 排水管道井(管窿)不宜贴邻卧室内墙设置;当无法避免时,排水管应采用低噪声管材,管道井(管窿)宜采取隔声降噪措施。

3.3.6 同层排水场所的楼地面、墙体等应采取有效的防水措施，并应符合下列规定：

1 结构楼板面、建筑完成地面和墙面均应设置防水层，其防水设计应符合现行行业标准《住宅室内防水工程技术规范》JGJ 298 的有关规定。

2 卫生器具、排水管道的安装不应破坏防水层。排水管道的支架应牢固、可靠。

3 采用架空安装的降板区域（或建筑面层抬高区域），架空层专用支架和管道安装支架均应采用专用胶粘剂立粘在楼板上，不得破坏防水层。架空层基层材料、面层装饰材料、防水处理方式等均应符合建筑设计规定。

4 采用填充方式的降板区域（或建筑面层抬高区域），填充的轻质材料应符合建筑设计规定。排水管道两侧应对称分层填充密实，不得采用机械填充。填充层面应整浇，并应采取措施防止开裂。洗衣机、坐便器的部位应预留加厚现浇细石混凝土的位置。

3.4 卫生器具及地漏

3.4.1 同层排水系统中的卫生器具和地漏的选型应根据同层排水的系统形式确定，其布置应满足排水管连接和敷设要求。

3.4.2 卫生器具应符合国家和上海市对节水型生活用水器具的规定。

3.4.3 同层排水系统采用的隐蔽式安装部件及各种配件等应符合现行国家标准《卫生洁具 便器用重力式冲水装置及洁具机架》GB 26730、现行行业标准《建筑同层排水部件》CJ/T 363 等的有关规定。

3.4.4 沿墙敷设的同层排水系统的卫生器具型式及其附配件应

符合下列规定：

    1 洗涤盆、洗脸盆宜采用台式或壁挂式。坐便器、净身盆应采用后排水式，宜选用壁挂式。小便器应自带水封，宜采用壁挂后排水式。壁挂式坐便器宜配设隐蔽式冲洗水箱。

    2 淋浴房排水应采用内置水封的排水附件、直埋式地漏或接入专用排水汇集器，浴盆的排水附件宜内置水封或接入专用排水汇集器。

    3 壁挂式卫生器具应采用配套的隐蔽式支架，支架应有足够的强度、刚度，并应采取防腐措施。

    4 壁挂式卫生器具应固定在其支架上，支架应固定在楼地面或墙体等承重结构上。隐蔽式支架应安装在非承重墙或装饰墙内。

3.4.5 沿墙敷设的同层排水系统的卫生器具布置应符合下列规定：

    1 坐便器应靠近排水立管。

    2 器具排水管接入同一排水立管时，卫生器具宜沿同一墙面或呈"L"形的两个相邻墙面布置。

3.4.6 当采用地面敷设的同层排水系统时，卫生器具型式及其附配件应符合下列规定：

    1 洗涤盆、洗脸盆宜采用台式或壁挂式。坐便器宜采用后排水式，净身盆可采用后排水式或下排水式。小便器应自带水封。

    2 淋浴房和浴盆的排水附件应符合本标准第 3.4.4 条第 2 款的规定。

3.4.7 同层排水系统使用的地漏及其设置应符合下列要求：

    1 地漏应符合现行国家标准《建筑给水排水设计标准》GB 50015 和现行行业标准《地漏》CJ/T 186 的规定。

    2 地漏应采取防干涸和防返溢的措施，并宜采用同层排水地漏。

3 采用沿墙敷设的同层排水部位设有地面排水地漏时,地漏宜靠近排水立管,并应单独接入立管。

4 采用地面敷设的同层排水系统,地漏接入排水横支管的位置宜在其他卫生器具排水支管接入点的上游。排水横支管采用污废合流时,地漏宜单独接入排水立管。

3.4.8 同层排水系统采用的排水汇集器应符合下列规定:

1 断面设计应确保接入排水汇集器的水流不回流、不返溢。

2 排出管的管径应根据计算确定,且不应小于接入排水汇集器的最大横支管管径。

3 排水汇集器应设有清扫口或便于清扫和疏通的装置。

4 内置水封的排水汇集器,水封深度不得小于 50mm。

5 材质和相关功能的技术要求应符合现行有关产品标准的规定和检测机构的认可。

6 成品应在生产工厂内组装成型,并通过产品标准规定的密封试验。

3.4.9 同层排水系统采用的水封深度不得小于 50mm,水封设置应符合下列规定:

1 构造内无存水弯的用水器具或无水封的地漏与排水管道连接时,必须在其排水口下游设置水封装置。

2 水封装置的接管不得小于卫生器具排水管的管径。

3 严禁采用活动机械密封替代水封。

4 水封装置不得重复设置。

3.5 排水管材和接口

3.5.1 同层排水系统采用的排水管材应根据排放介质、建筑物的使用性质、建筑高度、安装部位、抗震及防火要求等因素选用,并应符合系统设计要求。

3.5.2 同层排水系统使用的排水管材及管件应满足连接要求,

同一连续管段上采用的管道及管件材质应一致。

3.5.3 同层排水系统采用建筑排水塑料管及管件时,应符合下列规定:

　　1 管材、管件和橡胶圈等应符合现行行业标准《建筑排水用高密度聚乙烯(HDPE)管材及管件》CJ/T 250、《聚丙烯静音排水管材及管件》CJ/T 273、《建筑排水用聚丙烯(PP)管材和管件》CJ/T 278等的规定。

　　2 埋设在结构楼板与地面装饰面层之间的管道,不得采用橡胶圈连接,应采用电熔管箍连接、热熔对焊连接、热熔承插连接等热熔熔接。

　　3 暗装在非承重墙、装饰墙的夹墙空间内或架空地面内的排水横支管,宜采用热熔熔接方式。当采用橡胶密封材料接口时,橡胶密封圈(套)应采用三元乙丙(EPDM)橡胶制作,其性能要求应符合现行国家标准《橡胶密封件　给、排水管及污水管道用接口密封圈　材料规范》GB/T 21873的规定。

3.5.4 同层排水系统采用柔性接口机制排水铸铁管及相应管件时,应符合下列规定:

　　1 管材、管件及配套附件、防腐涂料等应符合现行国家标准《排水用柔性接口铸铁管、管件及附件》GB/T 12772及现行行业标准《建筑排水柔性接口承插式铸铁管及管件》CJ/T 178等的有关规定。管材、管件应配套使用。

　　2 暗装在非承重墙、装饰墙或架空地面空间内的管道,应采用三元乙丙(EPDM)橡胶材料制造的橡胶密封圈(套)。

　　3 管道不应埋设在建筑地面的填充层内。

3.5.5 同层排水系统采用特殊单立管时,特殊单立管的管材、管件、附件及辅助材料等应符合现行产品标准的规定,其设计、施工及验收应符合现行有关标准的规定。

3.5.6 不同材质的管道或管配件连接时,应采用专用配件或采取保证连接可靠的技术措施。

3.6 管道布置和敷设

3.6.1 同层排水系统的器具排水管、排水横支管的布置和敷设标高不得造成排水滞留、地漏冒溢,其设置应符合下列规定:

    1 器具排水管与排水横支管连接时,应采用45°斜三通、45°弯头或90°顺水三通,不得采用90°正三通。

    2 排水横支管作90°水平转弯时,宜采用2个45°弯头。排水横支管的转弯次数不宜多于2次。

    3 排水横支管变径时,应采用偏心异径管件,管顶平接。

    4 排水横支管不应小于通用坡度。塑料排水横支管宜采用标准坡度。

3.6.2 接入排水立管的排水横支管管径不得大于该立管管径。

3.6.3 除特殊单立管系统外,排水横支管与排水立管的连接应采用顺水三通或顺水四通。采用特殊配件的特殊单立管系统时,排水横支管与立管特殊配件的连接应符合现行相关特殊单立管系统标准的有关规定。

3.6.4 排水立管应每层设置检查口。

3.6.5 排水管道穿越楼板、防火隔墙、管道井(管窿)井壁时,应按现行国家标准《建筑设计防火规范》GB 50016、《建筑给水排水设计标准》GB 50015 的有关规定采取阻火措施。

3.6.6 排水塑料管应按照现行行业标准《建筑排水塑料管道工程技术规程》CJJ/T 29 的有关要求设置伸缩节。同层排水部位全部采用固定支架的排水横支管不应设置伸缩节。

3.6.7 排水管道穿越有防水设防的楼板(或面层)、管道井隔墙或墙体等部位应采取有效的防水措施。

3.7 装配式卫生间

3.7.1 装配式卫生间应根据建筑（精装）布局进行深化设计，并准确定型定位，不应在预制构件安装后凿剔沟、槽、孔、洞等。

3.7.2 装配式卫生间同层排水设计宜采用建筑信息模型（BIM）技术，应与给水及其他机电设备与管线系统进行一体化设计。BIM 深化设计深度应达到用于管道及配件材料统计、管道预留预埋要求。

3.7.3 同层排水系统应与装配式卫生间部品部件协调一致，便于管线检修更换，不应影响结构的安全性和耐久性。同层排水系统应按照少规格、多组合的原则进行设计，采用的部品部件应满足标准化、模数化、系列化、易维护、通用性和互换性要求。

3.7.4 装配式卫生间同层排水系统应符合下列规定：

1 排水宜采用污废水合流系统，横支管宜采用污废水分流设计。

2 排水横支管宜采用电熔管箍连接、热熔承插连接的塑料管材。

3 从排水立管接出的预留管道，宜靠近卫生间的主要排水部位。

3.7.5 当采用整体卫生间时，其同层排水系统应符合下列规定：

1 同层排水敷设方式应结合整体卫生间的选型尺寸、卫生器具型式及其布局、管道井位置、排水管道走向等确定，应按同层排水管道所需敷设空间及检修要求确定结构降板区域和降板高度。

2 排水立管接出的预留管道应满足整体卫生间排水接管要求，并应靠近整体卫生间的主要排水部位。

3 整体卫生间选用的管道材质、连接方式应与预留管道相匹配。当采用不同材质的管道连接时，应有可靠连接措施。

— 11 —

4 整体卫生间的整体性能指标应符合现行国家标准《整体浴室》GB/T 13095 及现行行业标准《住宅整体卫浴间》JG/T 183 等的规定。

5 在整体卫生间预留系统的管道接口连接处应设置检修口。

6 敷设管道的部位应保证有便于安装和检修的空间。

3.7.6 当装配式建筑的卫生间采用叠合楼板时,其同层排水系统应符合下列规定:

1 管道穿越主体结构的部位应按管线设计要求预留孔洞或预埋套管。

2 同层排水管道应与结构本体分离设置,应使用具有减震、高低可调的管道支架,不得直接敷设在结构楼板上,且不应破坏楼板防水层。

3.8 设计计算

3.8.1 卫生器具的排水流量、当量、排水管管径和排水设计秒流量的计算等,应符合现行国家标准《建筑给水排水设计标准》GB 50015 的规定。

3.8.2 排水立管的最大设计排水能力应按现行国家标准《建筑给水排水设计标准》GB 50015 确定。

3.8.3 排水横管的水力计算应按式(3.8.3-1)和式(3.8.3-2)计算:

$$q_p = A \times v \qquad (3.8.3-1)$$

$$v = \frac{1}{n} R^{2/3} I^{1/2} \qquad (3.8.3-2)$$

式中:q_p——计算管段排水设计秒流量(L/s);

　　A——管道在设计充满度的过水断面面积(m^2);

　　v——流速(m/s);

n—— 粗糙系数,铸铁管为 0.013,塑料管为 0.009;

R—— 水力半径(m);

I—— 水力坡度,采用排水管道坡度。

3.8.4 排水横管在设计充满度下的最小设计流速(自清流速)不应小于 0.60m/s。

3.8.5 排水横支管敷设坡度不得小于通用坡度。接入排水汇集器的各器具排水管坡度按汇集器产品的要求确定,但不宜小于排水横管的通用坡度。

3.8.6 建筑排水用柔性接口铸铁管排水横管的通用坡度和最大设计充满度宜按表 3.8.6 确定。

表 3.8.6　建筑排水铸铁管排水横管的通用坡度和最大设计充满度

管道公称直径(mm)	通用坡度	最大设计充满度
50	0.035	
75	0.025	0.5
100	0.020	

3.8.7 建筑排水塑料管排水横支管的标准坡度应为 0.026,排水横管的通用坡度和最大设计充满度应按表 3.8.7 确定。

表 3.8.7　建筑排水塑料管排水横管的通用坡度和最大设计充满度

管道公称外径(mm)	通用坡度	最大设计充满度
50	0.025	
75	0.015	0.5
90	0.013	
110	0.012	

3.8.8 当同时满足下列条件时,套内卫生间大便器排水管管径可采用 90mm:

1 排水横支管仅接纳 1 个大便器排水。

2 排水横支管不应有超过 2 个的 90°转弯,且其展开长度不应大于 4m。

3 排水横支管坡度不应小于通用坡度。

4 施 工

4.1 一般规定

4.1.1 施工单位应具有相应的资质、健全的质量管理体系和工程质量检验制度,安装人员应经过培训。

4.1.2 施工单位应按批准的设计文件和施工组织设计编制专项施工安装方案,并应根据设计图纸和专项施工安装方案制定与土建及其他工种的配合措施。

4.1.3 在主体结构施工过程中,预留孔洞尺寸、预埋件位置应符合设计要求。

4.1.4 排水管道、专用支架、专用配件、预制件等部品部件、设施及材料应进行进场检验。

4.1.5 同层排水系统安装与其他施工工序交叉作业时,应办理施工交接验收手续。施工现场的半成品或成品应及时采取保护措施。

4.1.6 同层排水部位的地面和局部墙面应做有防水构造。墙体和楼板支架、设施安装及管线敷设等不应破坏防水层。

4.1.7 管道、支架、部件等在装饰面层封闭前应进行隐蔽工程验收。

4.2 施工准备

4.2.1 同层排水系统施工安装前应具备下列条件:

    1 施工图纸及其他技术文件齐全,并应经过各专业会审。

    2 施工方案或施工工艺应得到业主或建设方的批准,并应已进行技术交底。

    3 材料、人工、机具、水、电等应准备就绪,能保证正常施工。

    4 应按照已批准的设计图纸配合土建预留孔、洞。

    5 必须固定在楼板上的支架等部件,应在楼板防水施工前完成预埋件的安装。

    6 楼板防水施工应验收合格,并且防水层应有相应防护措施。

4.2.2 采用同层排水的装配式卫生间在预制部品部件安装前应符合下列规定:

    1 具备本标准第 4.2.1 条所规定的条件。

    2 应根据 BIM 深化设计图纸,加工制作和备齐土建施工阶段中需要的预埋件、预埋管道和零配件。

    3 应根据装配样板确认的预制部品部件具体数据进行工厂化制作。预制部品部件生产应适度预留公差,并应进行标识。预制部品部件生产应进行质量控制。

    4 预制部品部件出厂前应进行包装,应按相应装配组合所需的部品部件整理编号分配包装入箱。包装应牢固可靠,并应有包装明细清单、产品合格证、安装及使用说明书、具有资质的检测机构出具的性能检测报告等。

4.2.3 采用同层排水的整体卫生间安装前应符合下列规定:

    1 整体卫生间安装的地面应按设计要求完成施工,与整体卫生间连接的预留管道应安装到位,并应验收合格。

    2 整体卫生间的生产制作、包装、运输、验收以及安装准备等应符合现行行业标准《装配式整体卫生间应用技术标准》JGJ/T 467 的有关规定。

4.2.4 材料验收应符合下列规定:

    1 管材、管件及地漏等材料的规格、型号及性能应符合设计规定,并有质量合格证明文件或具有资质的检测机构出具的检验报告。

2 建筑排水塑料管及管件的表面应完好无损,颜色应均匀一致,内外壁应光滑平整,无凹陷、气泡、裂口和明显的划伤和裂纹等缺陷。建筑排水柔性铸铁管及管件表面应无裂缝、砂眼、飞刺、瘪陷等缺陷。管材端面应平整,且应与轴线垂直。

3 阻火圈或阻火胶带应标有规格、耐火极限和生产厂名称。

4 装配式安装的预制部品部件进场应进行开箱检验,按照包装明细逐一对品种、规格、数量、外观和尺寸等进行验收。材料包装应完好,应有产品合格证、说明书及相关性能的检测报告。

5 隐蔽式水箱、卫生器具及配件等应有具有资质的检测机构出具的检验报告。

4.2.5 材料的运输和储存应符合下列规定:

1 管材和管件在运输、装卸和搬动时应轻放,严禁撞击和抛、摔、拖。

2 管材、管件等应分类堆放。管材应水平堆放在平整的场地上,堆码高度不宜大于 1.5m;管件应成箱(袋)逐层码堆,堆码高度不宜大于 2.0m。

3 建筑排水塑料管及管件的贮存堆放时,不得受日光长时间曝晒,并应远离明火、热源。

4 清洁剂或其他易燃物品运输时,应防止碰撞,不得抛摔、重压和曝晒,并应存放在危险品库房内。施工现场使用时,应随用随领,禁止明火。

5 装配式安装的预制部品部件的运输车辆应满足产品尺寸和载重要求,装卸与运输时应采取防止预制部品部件损坏的措施。

6 预制部品部件包装的堆放场地应平整、坚实,预制部品部件应成箱逐层码放,并应采取防雨、防潮、防暴晒、防污染、防变形等措施。

4.3 管道安装

4.3.1 施工单位应按下列程序进行同层排水管道的现场安装：

1 核实现场位置，查看现场有无暗藏管线，现场定位。

2 核实现场预留孔洞。

3 排水立管定位及安装固定，预埋件安装，隐蔽式支架安装。

4 立管通球试验。

5 土建设置第一道防水，注意成品保护。

6 横支管放线定位、支管系统安装。

7 横支管灌水通水试验。

8 面层或架空层板面施工（含第二道防水）、其他保温隔音处理。

4.3.2 建筑排水高密度聚乙烯管道的连接应符合下列规定：

1 管道连接应采用电熔管箍连接或热熔对焊连接；热熔连接设备应由管道生产厂配套或采用指定的专用设备。

2 管道切割应采用专用工具或机器切割，切口应垂直于管中心；切割面应保持清洁，不与其他物体接触。

3 连接时应保证对焊管道轴心线一致，轴心线的偏移不宜超过管子壁厚的 10%，且不应超过 1mm。

4 熔接时的加热时间、温度、轴向推力、冷却方法及时间等应符合管材、管件熔接工艺的要求。

5 管道连接的操作过程中不得移动、转动对焊两侧管道、电熔管箍和已熔合的管道，不得对连接部位施加任何外力。

6 熔接结束后应将连接的管材管件静置自然冷却，严禁用冷水或其他冷媒加速管道冷却，且避免受到外力。

7 施工现场应确保电压稳定，焊接设备的电源应正确接地；焊接设备应正确接通电源，熔化材质。

4.3.3 建筑排水高密度聚乙烯管道采用电熔管箍连接时应按下列步骤进行：

1 清洁管道外表面,测量管件承插深度并做出标记;将被连接的管道端部用砂纸打毛。

2 擦净连接部位表面,将管道插入电熔管箍两端直至标记位置,其中轴线应对准,电熔管箍承插嵌入深度应符合图 4.3.3 和表 4.3.3 的规定。

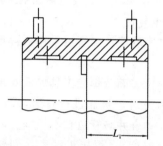

图 4.3.3 电熔管箍承口

表 4.3.3 电熔管箍承插嵌入深度

公称外径 d_n(mm)	电熔管箍外径 d_e(mm)	电熔管箍承插嵌入深度 $L_{1,\,min}$(mm)
40	52	20
50	62	20
56	68	20
63	76	23
75	89	25
90	104	25
110	125	28
125	142	28
160	178	28
200	224	50
250	275	60
315	343	70

3 采用配套的专用电源通电进行熔接。熔接过程结束时，电熔管箍和焊接设备应有显示焊接成功的标识；熔接结束，应切断电熔电源，进行自然冷却。

4 在电熔管箍和焊接设备显示焊接成功之前严禁人为关闭焊接设备或切断电源。

5 当电熔管箍和焊接设备上的焊接指示标识显示不正常时，应等焊接部位自然冷却后更换电熔管箍，重新焊接。已使用过的电熔管箍不得重复使用。

4.3.4 建筑排水高密度聚乙烯管道采用对焊连接时应按下列步骤进行：

1 清洁焊接部位表面及焊接工具焊板表面。

2 使用电动刨刀对焊接面进行打磨，保证对焊管道轴心线一致，对焊端面相互吻合并与管道轴心线垂直。

3 检查焊接板温度，在焊接板温度达到要求且焊接指示灯亮起后方可进行焊接。

4 在环境温度下，管道对焊连接时，其焊接面的加热时间和焊接时间不应小于图 4.3.4 的要求。

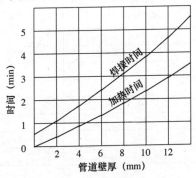

图 4.3.4 焊接、加热时间要求

5 当焊接板操作指示灯亮起后，将被焊管道端面垂直顶压在焊接板上，保持充分接触，仔细观察整个焊接熔化过程，加热时间应符合本条第 4 款的规定。

6 当焊接面突出处厚度达到表 4.3.4-1 的规定时,应同时取下焊接板两侧的管道,迅速将焊接面对齐并用力施压对接,对焊操作压力应符合表 4.3.4-2 要求。

表 4.3.4-1 对焊焊接面厚度(mm)

公称外径	32~75	90	110	125	160	200	250	315
对焊焊接面厚度	3	4	5	5	7	7	8	10

表 4.3.4-2 对焊操作压力

公称外径(mm)	32	40	50	56	63	75	90	110	125	160	200	250	315
操作压力(N)	50	60	70	80	90	100	150	220	280	450	570	900	1 400
焊接方式	手动焊接或机械装置焊接						机械装置焊接						

7 焊接时间达到本条第 4 款的规定,焊接工序结束,取下焊接件,自然冷却后,检查接头质量,卷边应光滑,高度应均匀。

4.3.5 建筑排水聚丙烯静音管道的热熔承插连接应按下列步骤进行:

1 热熔机具接通电源,到达工作温度(260℃±10℃)指示灯亮后方能用于接管。

2 按所需长度切割管材,切割后的管材端面应与管轴线垂直。

3 去除端面的毛边和毛刺。

4 管材与管件连接端面应清洁、干燥、无油,必要时可用干布或丙酮等进行清洁。

5 用卡尺和合适的笔在管材插入端测量并标绘出承插深度。

6 无旋转地把管材插入端导入加热套内,插入到所标志的深度,同时,无旋转地把管件推到加热头上,达到规定标志处。

7 达到加热时间后,立即把管材与管件从加热套与加热头上同时取下,迅速无旋转地直线均匀对插至所标深度。

4.3.6 建筑排水柔性接口铸铁管道连接与安装应符合下列要求:

    1 管道连接应采用承插式法兰压盖连接或卡箍式连接。

    2 管道安装应符合现行行业标准《建筑排水金属管道工程技术规程》CJJ 127 的有关规定。

    3 暗装在非承重墙、装饰墙内或架空地面空间等处时,宜对连接部位采取防腐措施。

    4 管道接口端面与墙、梁、板的净距不宜小于 100mm;管道外壁面距墙面净距应大于 20mm。

4.3.7 管道支架及其安装应符合下列规定:

    1 安装和固定管道用的支架(管卡)、托架和吊架宜由管道供货商配套供应。

    2 支架(管卡)应根据不同管材及其接口形式、设置部位等选用。排水金属管道支架(管卡)应采用金属件,排水横支管宜采用隔振、高低可调的管道支架。

    3 金属支架(管卡)应采取防腐措施;非金属管道采用金属支架(管卡)时,应在金属支架(管卡)与管道或管件的接触部位加衬橡胶垫等软质材料。

    4 支架(管卡)、托架和吊架、支墩的设置及安装应分别满足立管垂直度、横管弯曲和设计排水坡度的要求,且应安装牢固。

    5 支架与楼板采用螺栓紧固时,应在楼板防水施工前完成安装。

    6 安装在结构楼板与地面装饰面层之间的排水横支管,支架(管卡)的固定不得破坏已做好的地面防水层,宜采用专用胶粘接固定。

4.3.8 建筑排水塑料管道的支架安装应符合下列规定:

    1 立管在穿越楼板处应设固定支撑点,并应做好防渗漏水技术措施。立管支架间距不应大于表 4.3.8-1 的规定。

表 4.3.8-1　建筑排水塑料管立管支架最大间距

公称外径(mm)	50	75	110	125	160
最大间距(m)	1.20	1.50	2.00	2.00	2.00

2 直埋在结构楼板与地面装饰面层之间、暗敷在非承重墙、装饰墙空间内或架空地面内的排水横支管,应全部为固定支架。排水横管支架间距不应大于表 4.3.8-2 的规定。

表 4.3.8-2　建筑排水塑料管横管支架最大间距

公称外径(mm)		50	56	63	75	90	110	125	160
最大间距(m)	冷水排水管	0.50	0.75	0.75	0.75	1.00	1.10	1.30	1.60
	热水排水管	0.35	0.50	0.50	0.50	0.70	0.80	1.00	1.25

4.3.9 建筑排水柔性接口铸铁管的支架安装应符合下列规定:

1 立管应每层设支架锚固在柱或墙体等承重构件上,上部管道重量不应传递给下部管道。支架间距不应超过 3m。当层高小于 4m 时,可每层设 1 个固定支架。2 个固定支架之间应设置滑动支架。承插式柔性接口的支架应位于承口下方,卡箍式柔性接口的支架不得将管卡套在卡箍上。支架与接口断面的净距不宜大于 300mm。

2 横管上每根支管应至少安装 1 个支架,支架的间距不应大于 2m。横管与每个管件的连接应安装支架。承插式柔性接口的支架应位于承口侧,卡箍式接口的支架不得将管卡套在卡箍上。支架与接口断面的净距不宜大于 300mm。

4.3.10 建筑排水塑料管道的伸缩节和穿越楼板、管道井(管窿)或隔墙的阻火装置设置应符合设计规定。

4.3.11 同层排水场所的防水措施应满足设计要求,并应符合下列规定:

1 同层排水区域的楼板、地面和墙面的防水应按设计施工,并应符合现行行业标准《住宅室内防水工程技术规范》JGJ 298 中的相关规定。

 2 穿越楼板、防水层墙面的管道和预埋件等,应在防水施工前完成安装。

 3 穿越楼板的立管和使用螺栓固定的隐蔽式支架定位安装完毕后,应对管根、预埋支架处采取防水措施。

 4 与防水基层(找平层)相连接的预留管道、地漏、排水口或排水附件等应在防水施工前安装牢固。

 5 管道根部、洁具排水口、地漏等与装饰地面防水基层(找平层)的交接部位应进行密封或采取加强处理。

 6 防水层完成后,应在进行下一道工序前采取保护措施。

4.4 隐蔽式支架安装

4.4.1 隐蔽式支架的安装位置应符合设计要求,且应固定牢靠。安装时应使用水平尺进行校正。

4.4.2 隐蔽式支架应固定在楼板、墙面等承重结构上,固定支架的膨胀螺栓不应穿透结构楼板、墙面,且安装后应对支脚部位进行防水处理。

4.4.3 安装壁挂式卫生器具的装饰墙面应紧贴隐蔽式支架。

4.4.4 隐蔽式水箱的箱体应稳定固定在支架上,安装高度应符合设计要求。水箱及其配件应有产品使用说明书、产品合格证、具有资质的检测机构出具的检测报告。

4.5 卫生器具及地漏安装

4.5.1 卫生器具及排水配件的材质、规格、尺寸、固定方法、安装位置应符合设计要求。

4.5.2 卫生器具及排水附件应各自牢固安装在支架、墙体或地面上,不得将其重量和承载的荷载作用在管道上。

4.5.3 卫生器具安装应符合下列规定：

1 卫生器具应按照产品安装说明书要求进行固定,应采用配套专用固定件安装牢固。

2 壁挂式坐便器、净身盆、小便器等应固定在隐蔽式支架上。

3 卫生器具与器具支架之间应衬软隔垫。

4 卫生器具安装的水平度、垂直度应符合现行国家标准《建筑给水排水及采暖工程施工质量验收规范》GB 50242 的有关规定。

5 卫生器具排水口与排水支管接口应吻合,接头连接应紧密。

4.5.4 地漏安装应平正、牢固,地漏顶面低于地面装饰面层表面,周边无渗漏。

4.5.5 排水汇集器上安装的地面清扫口应便于清通,其顶面高度应与地面装饰面层高度一致。

4.6 预制部品部件安装

4.6.1 装配式部品部件在工厂化生产预制时应逐个设置固定编号,并按照安装说明书的编号和顺序进行现场装配。

4.6.2 装配式卫生间施工前应先做样板间,确认预制的部品部件与现场情况一致,并经有关各方确认。

4.6.3 采用整体卫生间时,预留的排水立管与排水横支管连接处应设置检修口。

4.6.4 当采用仅管道预制、现场拼接装配的部品部件安装时,应符合下列规定：

1 预留孔洞或预留管件位置和尺寸应正确无误。

2 同层排水的管道、卫生器具、地漏及其他部品部件应按设计要求的走向、位置、标高等进行画线定位。

3 同层排水管道及其支架、卫生器具及配件等应按照施工说明书的步骤进行安装和固定。

4 排水横支管的坡度应符合设计要求；管道连接应安全可靠，无渗漏；支架与管道接触应紧密，非金属排水管道采用金属支架时，应在金属管卡与管道外壁接触面设置橡胶垫片。

5 地漏安装应平整、牢固，顶面低于完成地面，确保周边无渗漏。

6 预制部品部件的安装不得破坏防水层。

4.6.5 现场组装的整体卫生间，其部品部件的安装应符合下列规定：

1 应按照整体卫生间产品的装配指导书进行安装。

2 安装防水盘时，应按设计要求确定安装位置和防水盘标高；排水地漏用工具紧固，无松动及晃动，周边缝隙均匀。

3 连接排水管时，应检查预留管道的位置和标高是否准确；整体卫生间的接管管径、管道走向应满足要求，架空空间内的管道坡度应符合设计规定；管道应在设计预留的空间内安装牢固。

4 排水管与预留管道的连接部位应进行密封处理。

5 卫生器具应安装牢固，各连接部位应做好防水处理。

6 整体卫生间的门框与门套应与防水盘、壁板、外围合墙体做好收口处理和防水措施。

4.6.6 工厂组装的整体卫生间，其现场吊装安装和相关同层排水管道连接安装应符合下列规定：

1 应将在工厂组装完成的整体卫生间，经检验合格后，做好包装保护，由工厂运输至施工现场。

2 应利用垂直运输工具和专用平移工具将整体卫生间移动到安装位置就位。

3 拆掉整体卫生间门口包装材料，进入卫生间内部检验有无损伤，应调整好整体卫生间的水平度、垂直度和标高。

4 应完成整体卫生间与给水、排水及其他预留点位连接和相关试验。

　　5　拆掉整体卫生间外围包装保护材料,应由相关单位进行整体卫生间外围墙体的施工和门窗安装、收口工作。

　　6　整体卫生间安装就位后应进行蓄水试验。

4.7　成品保护

4.7.1　安装和施工过程中,管端敞口处应采取临时封堵措施。

4.7.2　隐蔽式支架箱体应有防结露泡沫保护板,排水口处应有堵头等保护措施。

4.7.3　施工现场的地漏及卫生器具存水弯等部件应有堵头等保护措施。

4.7.4　卫生器具应采用自带泡沫保护板或气泡膜等包装材料包覆保护。

4.7.5　任何设备、管道及器具均不得作为拉、攀、支架等使用。

5 验　收

5.1　一般规定

5.1.1　同层排水系统安装完毕后,应由建设单位组织设计、施工、主要器材供应商和其他有关单位进行验收。

5.1.2　同层排水工程子分部工程验收应按现行国家标准《建筑给水排水及采暖工程施工质量验收规范》GB 50242、《建筑工程施工质量验收统一标准》GB 50300 的相关规定执行。

5.1.3　同层排水工程的验收分为隐蔽工程验收和系统工程验收。

5.1.4　同层排水工程的验收应在施工单位自检合格的基础上,按质量验收划分要求进行检验批、分项工程、子分部工程的验收。

5.1.5　检验批、分项工程、子分部工程质量验收记录表应符合现行国家标准《建筑给水排水及采暖工程施工质量验收规范》GB 50242 的规定。

5.1.6　隐蔽工程验收时应具备下列文件:

　　1　隐蔽部位的施工图。

　　2　隐蔽部位管材、管件等的质量合格证明文件。

　　3　管道坡度、接口、支架验收记录。

　　4　管道灌水试验记录。

　　5　土建防水验收记录。

5.1.7　系统工程验收时应具备下列文件:

　　1　施工图(竣工图)及设计变更文件。

　　2　卫生器具、地漏、管材、管件、水箱及固定支架等的质量合格证明文件。

3 主要器材的安装说明书。

4 管道试验记录。

5 隐蔽工程验收记录。

6 检验批、分项工程、子分部工程质量验收记录。

5.2 验收要求

Ⅰ 主控项目

5.2.1 采取的防水措施应符合设计要求。

检查数量:全数检查。

检查方法:检查防水验收记录、直观检查。

5.2.2 管材、管件等的选用应符合本标准的规定及设计要求。

检查数量:全数检查。

检查方法:检查相关资料、观察检查。

5.2.3 管位、标高和坡度应符合设计要求,排水横管不得无坡度或倒坡。

检查数量:全数检查。

检查方法:水平尺、拉线尺量检查。

5.2.4 排水立管检查口应密闭、封盖完整。

检查数量:全数检查。

检查方法:观察检查。

5.2.5 排水器具支架和管道支架安装应位置正确、固定牢固,与管道的接触应平整。支架防腐应良好,防腐层无破损。未采用破坏建筑防水层的固定方式。

检查数量:全数检查。

检查方法:观察检查。

5.2.6 排水管道穿越楼板部位采取的防渗防漏措施应牢固可靠。

检查数量:全数检查。

检查方法:检查防水验收记录、直观检查。

5.2.7 地漏安装位置应正确,周边应无渗漏。地漏顶面标高应低于地面 5mm~10mm。

检查数量:全数检查。

检查方法:尺量检查、直观检查、检查防水验收记录。

5.2.8 排水汇集器的安装应符合产品的要求,接入排水汇集器的支管应无回流、不返溢。

检查数量:全数检查。

检查方法:观察检查、水平尺检查。

5.2.9 排水管道在隐蔽前必须做灌水密封性试验。试验合格后,应做好试验记录。

检查数量:全数检查。

检查方法:灌水密封性试验的试验压力不小于 0.05MPa。从立管检查口灌水至设定水位,满水 15min 水面下降后,再灌满观察 5min,检查各个接口不渗水,液面不下降为合格。

5.2.10 地面敷设同层排水系统降板区的回填材料应符合设计要求,无建筑垃圾。

检查数量:全数检查。

检查方法:观察检查。

5.2.11 排水立管及横干管应做通球试验。通球球径不应小于排水管道管径的 2/3(立管三通采用特殊配件时,通球球径不宜小于特殊配件导流叶片间隙的 2/3)。

检查数量:全数检查。

检查方法:通球检查。

5.2.12 卫生器具应做满水试验。满水后检验各连接部件、连接排水器具的排水管道接口不渗不漏为合格。

检查数量:全数检查。

检查方法:满水检查、观察检查。

5.2.13 同层排水系统应进行通水试验,排水应通畅、无堵塞。

检查数量:全数检查。

检查方法:通水检查。

Ⅱ 一般项目

5.2.14 排水管道支架间距应符合本标准的规定。

检查数量:全数检查。

检查方法:观察检查。

5.2.15 塑料排水管设置伸缩节的安装位置应正确、牢固。

检查数量:全数检查。

检查方法:观察检查。

5.2.16 排水管道安装的管位水平允许误差不应大于15mm,标高允许偏差不应大于±15mm。塑料排水横管纵横方向弯曲不应大于1.5mm/m,铸铁排水横管纵横方向弯曲不应大于1.0mm/m。

检查数量:全数检查。

检查方法:用水准仪(水平尺)、直尺、拉线和尺量检查。

5.2.17 地面排水找坡应坡向地漏,且地面排水通畅。

检查数量:全数检查。

检查方法:水平尺检查、观察检查。

5.2.18 隐蔽工程验收和系统工程验收的验收项应符合表5.2.18的规定。

表5.2.18 隐蔽工程和系统工程验收的验收项

验收阶段	主控项目	一般项目
隐蔽工程验收	应满足本标准第5.2.1,5.2.2,5.2.3,5.2.5,5.2.6,5.2.8,5.2.9条的要求	应满足本标准第5.2.14,5.2.16的要求
系统工程验收	应满足本标准第5.2.1,5.2.2,5.2.3,5.2.4,5.2.5,5.2.6,5.2.7,5.2.10,5.2.11,5.2.12,5.2.13条的要求	应满足本标准第5.2.14,5.2.15,5.2.16,5.2.17条的要求

6 维 护

6.0.1 同层排水系统应在竣工验收合格后方可使用。

6.0.2 物业交付时应向用户提交一套同层排水系统及卫生器具使用说明书。

6.0.3 同层排水系统投入使用后应定期维护,并应做好日常维护记录,建立档案。

6.0.4 日常检查和维护应使同层排水系统满足下列规定:

   1 卫生器具应安装牢固。

   2 卫生器具、地漏所设的存水弯应运行正常。

   3 同层排水部位应无渗漏水点。

   4 排水横支管应不淤堵。

   5 检查口在正常使用时应保持水密性和气密性。

   6 除生活污、废水外,其他污、废水不得排入同层排水系统。

6.0.5 用户应遵守有关使用说明书的规定使用,发现同层排水系统的异常现象应及时报修。

6.0.6 用户在卫生间内增设卫生器具或进行改造时,不得破坏防水层。

本标准用词说明

1 为便于执行本标准条文时区别对待,对要求严格程度不同的用词说明如下:

    1)表示很严格,非这样做不可的用词:

        正面词采用"必须";

        反面词采用"严禁"。

    2)表示严格,在正常情况下均应这样做的用词:

        正面词采用"应";

        反面词采用"不应"或"不得"。

    3)表示允许稍有选择,在条件许可时首先应这样做的用词:

        正面词采用"宜";

        反面词采用"不宜"。

    4)表示有选择,在一定条件下可以这样做的用词,采用"可"。

2 条文中指定应按其他有关标准执行的写法为:"应按……执行"或"应符合……的规定"。

引用标准名录

1 《建筑给水排水设计标准》GB 50015
2 《建筑设计防火规范》GB 50016
3 《建筑给水排水及采暖工程施工质量验收规范》GB 50242
4 《建筑工程施工质量验收统一标准》GB 50300
5 《排水用柔性接口铸铁管、管件及附件》GB/T 12772
6 《整体浴室》GB/T 13095
7 《橡胶密封件 给、排水管及污水管道用接口密封圈 材料规范》GB/T 21873
8 《卫生洁具 便器用重力式冲水装置及洁具机架》GB 26730
9 《建筑排水塑料管道工程技术规程》CJJ/T 29
10 《建筑排水金属管道工程技术规程》CJJ 127
11 《建筑排水柔性接口承插式铸铁管及管件》CJ/T 178
12 《地漏》CJ/T 186
13 《建筑同层排水工程技术规程》CJJ 232
14 《建筑排水用高密度聚乙烯(HDPE)管材及管件》CJ/T 250
15 《聚丙烯静音排水管材及管件》CJ/T 273
16 《建筑排水用聚丙烯(PP)管材和管件》CJ/T 278
17 《建筑同层排水部件》CJ/T 363
18 《住宅整体卫浴间》JG/T 183
19 《住宅室内防水工程技术规范》JGJ 298
20 《装配式整体卫生间应用技术标准》JGJ/T 467
21 《住宅设计标准》DGJ 08-20

上海市工程建设规范

建筑同层排水系统应用技术标准

DG/TJ 08－2314－2020
J 15143－2020

条文说明

2020　上海

目 次

Contents

1 总　则

1.0.1　说明制定本标准的目的。建筑同层排水可使卫生器具排水支管和排水横管无需穿越楼板进入下层空间,管道的维修、疏通、清洁都能本层解决。这一排水技术具有排水管道暗敷、卫生间布置灵活、楼板无卫生器具排水支管预留孔洞、便于维修、排水噪声小、不干扰下层用户、无排水管冷凝水下滴、安全可靠等优点。随着人们对居住空间的舒适性、安全性、私密性和个性化要求的不断提高,同层排水技术在各地的应用越来越多。近年来,全国大力发展装配式建筑,推进集成化设计、工业化生产、装配化施工、一体化装修,在装配式建筑中采用同层排水相比传统的建筑排水方式更具优势。按照《上海市装配式建筑 2016－2020 年发展规划》,"十三五"期间,全市符合条件的新建建筑原则上采用装配式建筑;全市装配式建筑的单体预制率达到 40％以上或装配率达到 60％以上;外环线以内采用装配式建筑的新建商品住宅、公租房和廉租房项目 100％采用全装修,实现同步装修和装修部品构件预制化。在《上海市住房发展"十三五"规划》中,也有相应的建设目标,并明确要求"推广装修部品一体化预制技术,大力推进成品住宅,强化技术集成,改进施工方法,提高全装修住宅的可改造性和耐久性"。由此可见,能够减少留洞、易于预制生产和同步装修、适应可变房型的同层排水技术将更受关注和推崇。根据上海市建委《关于印发〈关于进一步强化绿色建筑发展推进力度提升建筑性能的若干规定〉的通知》(沪建管联〔2015〕417 号),为进一步加强绿色建筑、装配式建筑发展,全面提升建筑质量和品质,要求新建民用建筑应"加强成套技术应用及部品质量控制,鼓励新建建筑采用同层排水技术"。另外,随着城市发展和城市综合经济实力不断提升,既有建筑总量不断增大,因完善城市功能、提升城市活力、改善人居环境而引起的建筑更新也日趋增多,上海市绿色建筑协会于 2018 年 1 月发布的《上海市既有建筑绿色更新改造适用技术目录(试行)》中,同层排水已被作为其中的推荐技术。因此,为了适应同层排水技术在本市的应用和发展,使建筑同层排水系统设计合理、施工安装规范,符合安全、卫生、经济、环保等要求,结合本市的实际情况,制定本标准。

1.0.2 规定本标准的适用范围。同层排水系统针对的是重力排放的排水系统。目前,同层排水技术应用主要是在住宅的生活排水系统,即住宅的卫生间和厨房的排水系统。由于住宅中的厨房洗涤排水支管现已基本都在本层接入废水立管,同层排水技术应用重点是使卫生间内各卫生器具的排水支管不穿越楼板到下层空间。本条明确本标准适用于住宅以及供居住使用的、类似住宅相应功能或布局的其他民用建筑中采用同层排水技术的生活排水系统。住宅的同层排水要求,在新修编的上海市工程建设规范《住宅设计标准》DGJ 08-20 中已明确:"厨房和卫生间的排水横管应设在本套内,不得穿越楼板进入下层住户。"非住宅类但具有居住功能的其他民用建筑(非住宅类供居住使用的场所),当其卫生间或厨房等相应的套内设置类似住宅时,如宿舍类建筑居室内附设的卫生间、旅馆类建筑客房内附设的卫生间,通常配置有坐便器、洗脸盆、浴缸(或淋浴房)等卫生器具,其布置较为紧凑,面积不大,可采用同层排水;老年人全日照料设施(指为老年人提供住宿、生活照料服务和其他服务的养老院、老人院、福利院、敬老院、老年养护院等)中老年人居室内附设的自用卫生间,设施配置和布局与住宅相似,也可采用同层排水。同层排水的类似使用场合还有医院病房内附设的卫生间、疗养院疗养室内附设的卫生间、康复中心病房内附设的卫生间等。非住宅类的其他民用建筑采用同层排水时,除应满足本标准的规定外,还应符合各自建筑类别的相关技术标准的有关规定。本条还明确了适用本标准的建筑除新建、扩建外,也包括改建项目,当既有建筑更新改造中因建筑功能变化、卫生间布局调整、排水系统翻新等有类似住宅建筑的同层排水需求时,可按照本标准执行。此外,部分公共厕所、公共卫生间在遇到不允许上层排水管道穿越到下层房间或楼板下排水管道无法检修等情况时也会有应用同层排水的情况,对于其他公共建筑、工业建筑内的生活排水系统如需应用同层排水技术,本标准可供参考。当公共卫生间中采用同层排水时,应注意控制同层排水的横支管不宜太长,其连接的大便器不宜过多,且应确保排水坡度。

1.0.3 明确同层排水系统中有关各器具、部件及材料的产品质量原则。同层排水系统涉及的卫生器具、地漏、水封、管材、管件及附件(排水汇集器、隐蔽式冲洗水箱、隐蔽式支架、特殊管配件等)、其他装配式部品部件,以及质量状况直接影响系统的基本性能、使用功能、卫生和安全等的有关产品,应符合国家现行标准的相关规定。同时,在符合本标准有关要求的前提下,鼓励使用性能指标优于现行国家标准及行业标准的成熟产品。

1.0.4 本条为同层排水系统性能化要求。同层排水系统与常规的传统异层排水系统一样,应能使排水快速自流排出,满足使用功能和环境卫生。在排水过程中,应排水通畅,不发生堵塞、冒溢、渗漏和排水管道内异味逸出等现象,无影响排水系统正常工作和使用寿命的隐患,保障用户的健康和安全。

1.0.5 说明本标准与其他标准的关系。本标准对与本市同层排水技术应用有关的设计、施工、验收及维护管理等应予以控制的措施做出了规定,但建筑排水系统涉及的技术措施较多,相应的标准均有明确规定,因而除执行本标准外,同层排水技术应用还应遵守国家、行业和本市现行有关标准。这些标准主要包括:《建筑给水排水设计标准》GB 50015、《建筑给水排水及采暖工程施工质量验收规范》GB 50242、《住宅建筑规范》GB 50368、《住宅设计规范》GB 50096、《建筑排水塑料管道工程技术规程》CJJ/T 29、

《建筑排水金属管道工程技术规程》CJJ 127、《建筑同层排水工程技术规程》CJJ 232、《装配式住宅建筑设计标准》JGJ/T 398 和地漏、洁具、管材及管件等的专用标准，以及《住宅设计标准》DGJ 08－20、《住宅装饰装修工程施工技术规程》DG/TJ 08－2153等。在执行本标准时，如本标准有明确规定的，按本标准执行；本标准无明确规定或规定不具体时，应按国家有关标准执行；当本标准条文明确规定应符合国家或地方某项标准的规定时，则应按该标准执行。

3 设 计

3.1 一般规定

3.1.1 同层排水系统的器具排水管和排水支管应与卫生器具同层敷设,不得穿越结构楼板进入下层空间,排水立管和通气管可穿越结构楼板。需要采用同层排水的场所,在国家、行业和本市现行有关标准中有相应的规定,如:新修编的国家标准《建筑给水排水设计标准》GB 50015 中规定:"当卫生间的排水支管要求不穿越楼板进入下层用户时应设置成同层排水";现行国家标准《住宅设计规范》GB 50095 中规定:"污废水排水横管宜设置在本层套内";新修编的上海市工程建设规范《住宅设计标准》DGJ 08-20中规定:"厨房和卫生间的排水横管应设在本套内,不得穿越楼板进入下层住户";现行行业标准《装配式住宅建筑设计标准》JGJ/T 398 中规定,"装配式住宅宜采用同层排水设计";现行行业标准《装配式整体卫生间应用技术标准》JGJ/T 467 也规定,"整体卫生间宜采用同层排水方式"。此外,根据现行国家标准《民用建筑设计统一标准》GB 50352 的有关规定,在餐厅、医疗用房等有较高卫生要求用房的直接上层,应避免布置厕所、卫生间、盥洗室、浴室等有水房间,否则应采取同层排水和严格的防水措施。

3.1.2 本标准同时适用于改建和扩建工程。因此,同层排水系统形式、管道井、卫生器具布置及选用等,还应根据改建和扩建工程建筑结构现状,并与其他机电相关专业协调后确定。

3.1.3 自推广建筑排水塑料管以来,本市对建筑高度不超过100m的建筑如无特殊使用要求规定全部采用排水塑料管。由于排水塑料管道的水流噪声偏大,排水时易对室内环境造成不利影响,用户对此诟病普遍。同层排水的器具排水管、排水横支管不穿越楼板,有利于减弱下层空间的排水噪声。对于隔声要求严格的场所,可根据其隔声性能和环境质量要求确定是否采用隔声降噪措施。现行上海市工程建设规范《住宅设计标准》DGJ 08-20对排水管道和室内声环境有相应规定,如:卫生洁具坐便器排污管道应进行减噪设计;废水立管、污水立管应暗敷;管道不宜设置在靠近与卧室贴邻的内墙;室内允许噪声级:卧室昼间不应大于45dB(A),夜间不应大于37dB(A);起居室不应大于45dB(A);等等。德国标准 DIN 4109 规定建筑物隔音对噪声控制为用水装置噪声小于或等于 30dB(A)(卧室、起居室)。排水系统的隔声可采用管道消声、空气隔声和结构隔声三者相结合的方式。排水管材降噪,可采用建筑排水柔性接口排水铸铁管、建筑排水聚丙烯静音管道、HDPE 消声排水管等可降低噪声的管材及管件。塑料排水管道的减噪设计,可以采用在管道外壁包覆吸声隔声材料的方式,通常可缠绕厚度 35mm 玻璃纤维后再包 5mm~8mm 的消声卷材,也可以在管道外壁缠绕消声垫,如此能有效吸收高频和低频的噪声,是简单易行的方法。空气隔声是指采用隔声效果好的墙体(实心墙、夹层轻质墙、有泡沫塑料的隔声墙);管窿内侧相邻梁侧面应贴附岩棉等可以吸收排水噪声并能够减少其声音反射的软性材料。结构隔声是指对于卫生器具与结构连接部位及墙体间,可采取卫生器具支架与结构连接部位衬垫消音材料;墙体装饰材料与卫生器具支架结合面衬垫消音材料;管道穿墙或楼板部位包缠消音材料,并将消音材料两端延伸至墙体或楼板两侧各20mm~50mm。消音材料应具有质量轻、环保、阻燃自熄性及安装方便等特点。此外,设置器具通气管也可进一步降低水流噪声。

3.2 系统形式

3.2.1 同层排水的系统形式由管道敷设形式决定,与同层排水敷设方式对应。按照管道敷设形式,同层排水一般有沿墙敷设和地面敷设两种方式,相应地分别有沿墙敷设的同层排水系统和地面敷设的同层排水系统。通常,对空间环境舒适度、净高有较高要求时,宜采用沿墙敷设;当建筑层高较高、降板(或建筑面层抬高)后的净空高度足以满足装修和使用需求时,可采用地面敷设。根据排水立管位置和卫生器具布置,沿墙敷设与地面敷设可结合使用。本条文中的建筑功能、建设标准,是指建筑用途、使用对象、装修标准等,土建条件包括同层排水部位平面尺寸、管道井位置、结构梁板条件、是否降板(或建筑面层抬高)及其范围、降板(或建筑面层抬高)高度、降板(或建筑面层抬高)区域的地面构造等,装修要求是关于装饰装修对同层排水部位空间、净高控制及配套设施、附件安装及检修的要求。同层排水采用沿墙敷设时,通过排水立管、卫生器具及排水附件、排水横支管的合理布局,结构可以不降板或将降板(或建筑面层抬高)控制在较小的高度内(满足地漏及相应排水支管的敷设要求),有利于提高净高,提升空间环境舒适度。地面敷设时,排水支管布置与传统的异层排水相似,但是将通常安装在下层空间的排水支管移至本层的降板(或建筑面层抬高)区域内,因需要满足下排水式的大便器排水管暗敷的需求,其降板(或建筑面层抬高)高度比沿墙敷设大,净空高度不如沿墙敷设。由于地面敷设的降板(或建筑面层抬高)会使净空高度减小产生空间压抑感,国内建筑市场又普遍对于增加建筑层高较为敏感,根据对各地几次调研的反馈,采用地面敷设方式时,比较容易因降板区域建筑面层防水不耐久、出现裂缝的同时因管材及配件选用及连接方式不当,在填充层中产生渗漏现象,造成安全隐患。因此,参照现行国家标准《建筑给水排水设计标准》GB 50015 第4.4.6条的规定："同层排水形式应根据卫生间空间、卫生器具布置、室外环境气温等因素,经技术经济比较确定。住宅卫生间宜采用不降板同层排水",以及现行国家标准《建筑与工业给排水系统安全评价标准》GB/T 51188 第4.2.16条的规定："同层排水宜采用后出水的卫生器具,不应采用降板式工法。当必须采用降板式施工方法时,严禁管道漏水,且应采用双层防水措施",本标准推荐采用沿墙敷设方式。此外,还需要注意的是,同层排水系统的给水管不得敷设在降板(或建筑面层抬高)区域的填充层或架空层内,以避免漏水风险。

3.2.2 装配式卫生间(包括整体卫生间)一般建议采用同层排水形式,但应协调土建、机电等其他专业以及装修设计,根据结构方案(现浇楼板或叠合楼盖)、装配特性(装配式建筑中的预制管道现场安装还是整体式卫生间装配),结合预留管道井(预留孔洞)和预留管道走向及接口等因素,综合考虑同层排水的敷设方式,总的原则是安全可靠、构造简单、施工便捷和检修方便。装配式卫生间采用同层排水时,除应满足本标准的有关要求外,还应符合现行行业标准《装配式住宅建筑设计标准》JGJ/T 398、《装配式整体卫生间应用技术标准》JGJ/T 467 等的有关规定。

3.2.3 不同敷设方式的同层排水系统,对楼地面、墙体、卫生器具、地漏和管材等都有着不同的要求。因此,应根据相应敷设方式与建筑、结构进行协调和配合,合理选择卫生器具、地漏等,以满足同层排水技术应用的相关规定。

3.3 楼地面、墙体及管道井

3.3.1 同层排水系统采用沿墙敷设时,除了地漏以外的其他卫生器具的排水支管及排水横支管都可以敷设在装饰墙内,可以有效控制结构降板,为下层住户争取较高的使用空间及舒适性。地漏主要用于地面排水和淋浴房排水,当设有洗衣机时,可作为下排水式洗衣机排水出路。地漏也是室内空气的主要污染源之一。有时,卫生间清扫得干干净净,却还是臭气熏天,原因就是肮脏污浊的臭气通过排水管和水封挥发后的地漏散发出来。地漏防水处理不好,会导致渗漏,也可能造成病菌传播。现在很多精装修房都设有空调,更加剧了水封内水的蒸发。解决的最好办法就是参照国外的许多酒店和住宅的做法,取消卫生间地面排水地漏。家庭卫生间及公共建筑卫生间采用地面冲洗已不普遍,因此,在征得业主、用户同意情况下,除淋浴间外,可不在卫生间设置地漏。设有地漏时,地面的面层构造厚度(最终装饰完成地面表面至结构楼板面之间的距离)需满足选用地漏产品高度及其排水支管敷设所需高度要求。有些工程出于国内生活方式和设计习惯,要求必须设置地面排水地漏时,应控制最终装饰完成地面表面至结构楼板面之间的距离不大于 150mm。

3.3.2 沿墙敷设的同层排水系统的排水横支管和器具排水管暗敷在非承重隔墙内或利用装饰墙包覆隐藏时,非承重隔墙厚度或装饰墙内空间应根据管道敷设和配套的隐蔽式支架、隐蔽式水箱等安装需求确定,非承重隔墙或装饰墙的具体技术要求及相应防水防潮措施等应满足建筑设计要求。当有隔音要求时,空心的外封装饰墙应充填隔音材料以达到隔音效果。

3.3.3 地面敷设的同层排水有降板或不降板(抬高建筑面层)两种结构形式,通常采用降板的居多,降板又分局部降板和整体降板。地面敷设的同层排水管道敷设在结构楼板面至最终装饰完成地面之间,这个管道敷设空间采用的设置形式(结构降板或抬高建筑面层)、范围(局部降板或整体降板)、降板高度(相对于套内相邻非同层排水区域结构楼板面的高差)等,应根据卫生器具的型式及其布置、污废水分流或合流及排水立管的设置情况、排水支管的管径、走向、放坡等管道敷设需求,综合考量后确定。当同层排水系统采用污废分流方式时,卫生器具的布置应尽可能避免污水横支管和废水横支管发生交叉,占用降板高度。地面敷设时,降板区域及降板高度等做法可参考关于同层排水系统安装的国家标准图集。

3.3.4 整体卫生间宜采用同层排水。由于目前市场上整体卫生间的类型较多,且其型号大多是按内部净尺寸确定,而不同生产厂的产品在规格型号上存在差异,要求的安装尺寸也不尽相同,因此强调安装整体卫生间的建筑空间的预留应与整体卫生间选型协调,应根据具体选型尺寸和相应预留安装空间进行预留。

3.3.5 参照现行上海市工程建设规范《住宅设计标准》DGJ 08-20对污废水立管应暗敷、坐便器排污管道应进行减噪设计的规定,为了居住环境的整洁和美观,同时,尽可能减少排水管道水流噪声对休息、睡眠的影响,要求排水立管设置在管道井(管窿)内,管道井设置位置应能保证排水立管竖向对齐,排水管道井不宜贴邻卧室内墙。这里的贴邻,指的是管道井的布置利用卧室的内墙作为管道井的井壁。有条件时,同层排水系统的管道井(管窿)宜靠近公共区域,以方便维护检修。管道井的隔声措施包括采用隔声效果好的墙体(实心墙、夹层轻质墙、有泡沫塑料的隔声墙)、管窿内侧贴附岩棉等可以吸收排水噪声并能够减少其声音反射的软性材料等。

3.3.6 本条对采用同层排水系统的场所的防水措施作了规定。工程回访发现,回填层内发生渗、漏水是同层排水工程中出现的主要问题,因此防水是决定同层排水工程成败的关键因素之一。防水具体做法应满足建筑相关设计要求。除此之外,为确保同层排水工程质量,吸取已有工程经验教训,还应采取以下措施:降板区内严禁建筑垃圾回填;塑料排水管应采用固定支架,不得有位移;设置填充层的降板区在轻质填充层上方应做一层钢筋网细石混凝土,其厚度不小于 40mm,以保证足够的强度防止不均匀沉降引起的墙角等薄弱部位防水破坏;地面防水层泛水高度不应小于250mm,浴室花洒所在及其邻墙面防水高度不得低于 2m;所有穿越装饰层的管道及配件均应采取严密的防水措施;采用填充方式的降板区域内安装的地漏宜现浇水泥支墩至承载层。降板高度不大于 150mm 的楼地面及墙体的防水构造如图 1 所示。

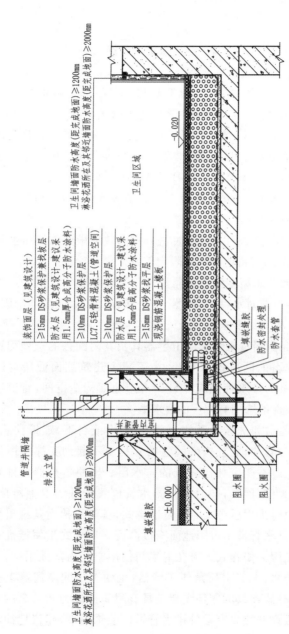

图 1　楼地面及隔墙的防水构造示意（降板高度不大于 150mm）

装饰面层（见建筑设计）

≥15mm DS砂浆保护兼找坡层

防水层（见建筑设计—建议采用1.5mm厚合成高分子防水涂料）

≥10mm DS砂浆保护层

LC7.5轻骨料混凝土（管道空间）

防水层（见建筑设计—建议采用1.5mm合成高分子防水涂料）

≥15mm DS砂浆找平层

现浇钢筋混凝土楼板

卫生间区域

−0.020

卫生间墙面防水高度（距完成地面）≥1200mm 卫浴花洒所在及其邻近墙面近墙面防水高度（距完成地面）≥2000mm

管道井隔墙

排水立管

卫生间墙面防水高度（距完成地面）≥1200mm 卫浴花洒所在及其邻近墙面近墙面防水高度（距完成地面）≥2000mm

填嵌缝胶

±0.000

填嵌缝胶

防水密封处理

防水套管

阻火圈

阻火圈

3.4 卫生器具及地漏

3.4.1 同层排水系统中,卫生器具和地漏的选型和布置应根据管道井(管窿)的位置、排水立管及横支管的污废分流或合流情况、管道敷设形式等,结合同层排水部位的土建条件综合确定。

3.4.2 关于节水型生活用水器具的标准主要有:现行国家标准《节水型产品通用技术条件》GB/T 18870、《水嘴水效限定值及水效等级》GB 25501、《坐便器水效限定值及水效等级》GB 25502、《小便器水效限定值及水效等级》GB 28377、《淋浴器水效限定值及水效等级》GB 28378、《便器冲洗阀用水效率限定值及用水效率等级》GB 28379、《蹲便器水效限定值及水效等级》GB 30717 和现行行业标准《节水型生活用水器具》CJ/T 164 等。

上海市目前对水嘴、坐便器、小便器、淋浴器、便器冲洗阀、蹲便器等的水效等级要求不应低于2级。

3.4.4 本条为沿墙敷设时的卫生器具及其附配件的选型配置规定。沿墙敷设的同层排水系统,为了减少建筑地面面层构造高度,卫生器具的排水管道应尽量少占用地面构造空间,对卫生器具及其附配件的选用有相应的要求。

1 洗脸盆和洗涤盆通常为台式(台上或台下)或壁挂式(卫生间面积小)安装,立柱式洗脸盆的立柱虽不起到支撑作用但须注意其固定时不能破坏已完成的防水层。坐便器是器具排水管直径最大的卫生器具,同时也是排水管位置较低的卫生器具,规定沿墙敷设时采用后排式而不是下排式,有利于抬高其排出口接管高度,使排水管道不占用地面降板高度。后排式坐便器推荐采用壁挂式是因为壁挂式无需在卫生间使用空间内落地固定,不会破坏地面防水,无卫生死角便于清洁,也使卫生间空间看上去更宽敞,但壁挂式器具的固定支架应具有耐腐蚀能力和较高的承载力。沿墙敷设一般设有敷设排水管道的装饰隔墙,建议把冲洗水箱隐蔽在隔墙内,采用隐蔽式冲洗水箱与坐便器配套,使实际使用面积不减小。净身盆(如设置)选用后排水式的理由同坐便器。小便器有壁挂式和落地式,壁挂下排水式小便器排水口下部的排水管道明露在外,落地式小便器位于底部的排水口使器具排水管需要走到地面面层构造或降板中,故小便器(如设置)应选用自带水封的壁挂后排水式较合适。

    2 淋浴房和浴盆的排水口较低,容易忽略水封的设置,导致有害气体侵入室内,因此强调采用内置水封的排水附件(图2、图3)和直埋地漏,其水封深度应不小于 50mm。此外,当条件允许时,也可接入内置水封的多通道地漏或卫生器具共用水封装置。

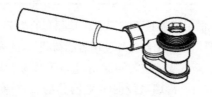

图 2   淋浴房排水附件(内置水封)

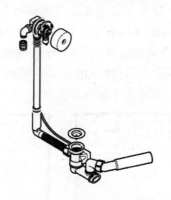

图 3   浴盆排水附件(内置水封)

    3 大便器、净身盆、小便器、洗脸盆等壁挂式器具,强调支架的配套主要是基于产品及安装质量控制、保证使用及安全考虑。

隐蔽式支架由支撑架、进排水管件和固定附件组成,内外表面应清洁、光滑,不允许有气泡、明显的划伤、凹陷、杂质、颜色不均等缺陷,支架的焊接点应平整。现行国家标准《卫生洁具 便器用重力式冲水装置及洁具机架》GB 26730对隐蔽式支架的各部件如进水阀、排水阀、冲洗水箱及洁具支架等的技术要求都有明确规定。另外,隐蔽式支架的最大承重应符合现行行业标准《建筑同层排水部件》CJ/T 363的规定(表1)。

表1 隐蔽式支架的最大承重

卫生器具种类	壁挂式坐便器	壁挂式洗脸盆	壁挂式小便器	壁挂式妇洗盆
最大承重(kN)	4.0	1.5	1.3	4.0

4 壁挂式的卫生器具要求固定在其配套的隐蔽式支架上,并固定牢固。由于要承担卫生器具和使用者的荷载,因此隐蔽在非承重墙或装饰墙内的隐蔽式支架应与楼板、承重墙等结构体牢固固定。

3.4.5 本条明确了沿墙敷设时卫生器具的布置原则。大便器的排水管管径较大,排水口位置较低,应布置在最靠近立管的位置,以较短的路线接入排水立管。其他卫生器具布置应使其器具排水管的连接点在大便器的前端,以利于防止发生污水倒流。同时,为了便于排水管道的连接,采用沿墙敷设时,器具排水管接入同一排水立管的卫生器具,建议沿着同一墙面一字排开设置(图4),或者沿着呈"L"形的两个相邻墙面布置(图5)。

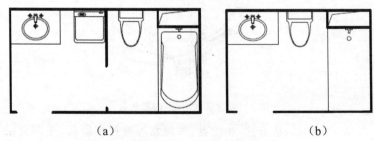

(a)   (b)

图4 卫生器具"一"字形同一墙面布置示意

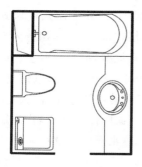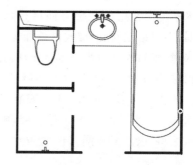

图 5 卫生器具"L"形相邻墙面布置示意

3.4.6 本条为地面敷设时的卫生器具及其附配件的选型配置规定。地面敷设时的降板(或架空)高度应根据排水立管的位置、卫生器具的布置、降板区域、管径大小、管道长度、接管要求、使用管材等因素确定。在满足管道敷设、保证排水通畅等前提下,应尽量缩小降板(架空)高度。坐便器的排水管管径最大,排水出口位置低,采用后排式对减少降板(架空)高度有利。当采用隐蔽式冲洗水箱时,可采用壁挂式坐便器。

3.4.7 本条规定了地漏的选型和配置要求。地漏主要用于卫生间、盥洗室、淋浴间等设备或地面有排水要求的场所。地漏的选型、设置不当,可能引起地漏泛水,同时,地漏水封干涸或因排水管道压力波动而遭破坏,排水管道内有害气体窜入室内会产生异味,导致环境污染,损害健康。

1 对地漏提出符合现行国家标准《建筑给水排水设计标准》GB 50015 和现行行业标准《地漏》CJ/T 186 的要求,地漏构造以及水封稳定性、排水能力、自清能力等性能应满足相关技术规定。

2 由于同层排水时的地漏排水支管同层敷设,受到建筑面层厚度或降板高度的限制,水封水位与支管接入立管处的高差偏小,容易导致排水不畅、地漏返水,因而,规定同层排水使用的地漏应具有防干涸和防返溢功能。地漏种类较多,为尽可能少降板或不降板,应采用能降低建筑面层厚度的地漏。目前,在同层排水系统中常用的主要有同层排水地漏（直埋式地漏）、侧墙式地漏、多通道地漏、同层检修地漏等。同层排水地漏，即构造内自带水封（水封深度不小于50mm）的直埋式地漏，可直接安装在建筑面层构造中，其排出管不穿越楼层，适宜在同层排水系统使用。为防止地漏部位渗水，地漏安装时，应在其细部节点容易发生漏水的薄弱部位增加防水附加层，施做夹铺胎体增强材料、涂刷防水涂料，以加强地漏部位的防水能力，防水层收口部位应用密封胶嵌填压实（图6）。

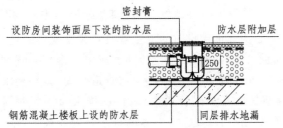

图6 地漏部位防水构造示意

3 同层排水采用沿墙敷设时，因无降板或降板极少，用于排除地面积水的地漏一般布置在靠近立管的位置，并且单独接入排水立管，以便于充分利用有限的敷设高度，保证排水坡度，防止地漏溢水。

4 本款的目的是为了防止地漏返溢。同层排水采用地面敷设时，要求地漏接入废水排水横支管的位置在浴缸排水支管接入点的上游，接入污废合流的排水支管的位置在大便器、浴缸等排水支管接入点的上游，以利于地漏防返溢。当立管为特殊单立管时，如条件允许建议利用特殊配件具有多个接口的特点，使地漏能够单独接入排水立管。

3.4.8 本条明确了排水汇集器的技术要求。排水汇集器是用于地面敷设同层排水系统的一种专用排水附件，用来汇集一个或多个器具排水管后再接至排水横支管或直接接至排水立管。本条对排水汇集器的排水能力、水力特性、水封设置、清通维护、材质、生产和检验等方面提出总体技术要求,工程中应根据具体使用需求合理选择排水汇集器。如:可汇集洗脸盆排水或淋浴盆的同层排水地漏,多通道有水封防返溢直埋地漏,可汇集洗脸盆排水、洗衣机排水的多通道有水封防返溢两用地漏或多功能有水封防返溢直埋地漏(图7),可连接后排水坐便器排水和其他器具排水的专用排水汇集器等。排水汇集器的设置位置应便于清通。

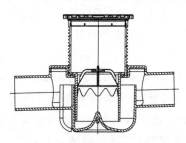

图 7 多功能有水封防返溢直埋地漏示意

3.4.9 水封装置形式多样,包括常见的存水弯、水封盒、水封井等。所有水封装置的水封深度均不得小于 50mm。除自带水封的用水器具(如坐便器)、直埋式地漏外,卫生器具应在尽可能靠近器具排水口设置存水弯或其他水封装置。水封构造应利于排水顺畅和清通,并能防干涸。接水封装置的进、出水管道均不得小于卫生器具的排水口管径。由于机械密封装置的寿命难以保证,排水中的杂物卡堵会造成机械密封失效,因此严禁采用活动机械密封替代水封。采用自带水封的用水器具以及多通道带水封地漏时,卫生洁具排水口下游应不再设置存水弯。

3.5 排水管材和接口

3.5.2 为了保证接口连接处的施工质量,排水管材及管件要求配套,采用同一品牌同一型号,同一连续管段上采用的管道及管件材质应一致。

3.5.3 本条明确了对排水塑料管的技术要求。

1 同层排水的排水管道通常暗敷,不便于检修、更换,故要求使用寿命长、防渗漏。同时,自排水塑料管推广应用以来,用户对排水塑料管的水流噪声污染一直反响颇大,尤其是在采用硬聚氯乙烯排水管的住宅建筑中。因此,为防止渗漏隐患、降低排水噪声影响,本标准要求采用接口密封性能好、排水噪声较小、耐高温性能较好的高密度聚乙烯(HDPE)管、高密度聚乙烯(HDPE)静音管、聚丙烯静音管等排水塑料管。

2 根据调研资料,目前国内同层排水技术应用中,反映比较突出的是降板部位的渗漏积水及其导致的返味、潮湿等卫生问题,究其原因,主要是由于地面防水层做得不好或被破坏造成的地面容易渗漏、施工或安装有缺陷、防水措施不到位而导致卫生间地面水渗入填充层内,以及管道接口不严密、时间长了而引发的渗漏。为了避免管道直埋部位因接口问题产生渗漏隐患,要求同层排水部位埋设在结构楼板与地面装饰面层之间的排水塑料管不得采用橡胶圈连接,必须采用热熔熔接方式。目前常见的热熔熔接包括电熔管箍连接、热熔对焊连接、热熔承插连接等。有研究资料显示,采用热熔对焊连接的高密度聚乙烯(HDPE)管材的立管,当其连接点内壁热熔积存物突起高度不大于管道外径的1%时,对排水通畅性基本无影响,当突起高度达到外径3%时,会出现十分明显的漏斗状排水现象。因此,采用热熔对焊连接时,须采取措施清除内壁突出的热熔积存物或控制内壁热熔积存物突起高度,以避免管道形成影响或阻碍水流的现象。

3 为了防止渗漏水,同层排水部位暗装在装饰墙的空间内(夹墙内)的管道、架空地面空间内的管道,建议能与直接埋设的管道一样采用热熔熔接方式。如采用密封圈连接,则要求橡胶密封圈材质为具有较好的耐老化、耐腐蚀性能的三元乙丙(EPDM)橡胶。

3.5.4 本条明确了对柔性接口机制排水铸铁管的技术要求。

1 建筑排水采用的柔性接口排水铸铁管应是离心铸造或连续铸造工艺成型，材质致密，柔性接口方式主要为法兰机械式（承插式）和不锈钢卡箍式。法兰机械式（承插式）柔性接口排水铸铁管常用于要求管道系统接口具有较大的轴向转角和伸缩变形能力、对管道接口安装误差的要求相对较低、对管道的稳定性要求较高等场所。当强调美观和节省建筑空间（如安装位置平面偏小的部位、尺寸较小的管道井内的管道）、需各层同步安装和快速施工或有改建、扩建要求等场所的管道，可采用体积较小的不锈钢卡箍式接头。

2 暗装管道采用的橡胶密封圈（套）材质应为三元乙丙（EPDM）橡胶。

3 现行国家标准《建筑给水排水设计标准》GB 50015 规定："埋设于填层中的管道不得采用橡胶圈密封接口"，埋敷在结构楼板与地面装饰面层之间填充层内的管道应接口严密，不得渗漏，耐久性好，胶圈密封存在渗漏隐患，故同层排水部位采用排水铸铁管时，管道不应埋敷在建筑面层填充层内。

3.5.5 本条明确了对特殊单立管的技术要求。特殊单立管排水系统主要是排水立管的管材或管件（含上部特殊配件和下部特殊配件）较之常规排水系统有变化，排水横支管无变化。特殊单立管排水系统包括采用特殊管件或特殊管材，或同时采用特殊管件和特殊管材。同层排水系统采用特殊单立管时，其管材、特殊管件等应符合现行相应特殊单立管产品标准的有关规定，排水横支管应符合本标准的有关规定。例如：苏维托管件应符合现行行业标准《建筑排水高密度聚乙烯（HDPE）管材及管件》CJ/T 250，旋流器应符合现行国家标准《排水用柔性接口铸铁管、管件及附件》GB/T 12772，内螺旋管应符合现行行业标准《建筑排水钢塑复合短螺距管材》CJ/T 488 以及相应的产品标准，等等。当同层排水系统采用苏维托单立管排水系统时，其设计、施工及验收等应符合中国工程建设协会标准《苏维托单立管排水系统技术规程》CECS 275 的相关要求。

3.5.6 本条是对不同材质管道连接的规定。同层排水系统的管道往往暗敷,应采取可靠的技术措施保证隐蔽过程中管道连接部位不渗漏。卫生器具的排水栓、地漏、排水汇集器与排水管道之间的连接涉及不同材质时,须采用专用配件或采取保证可靠连接的技术措施。随着同层排水技术推广应用,可能出现排水立管与排水横支管采用不同材质的情况,如超高层建筑中,排水立管采用柔性接口机制排水铸铁管,同层排水的排水横支管采用排水塑料管,其连接部位一旦渗水则修补不便,需要确保可靠连接以防产生漏水隐患。图 8 和图 9 为建筑用排水塑料管道与柔性排水铸铁管道的连接部位处理参考示意。

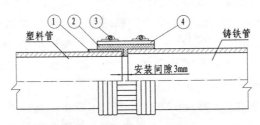

外径不等塑料管与铸铁管不锈钢卡箍连接（一）

1-塑料转换接头；2-橡胶密封圈；3-紧固螺栓；4-不锈钢卡箍带

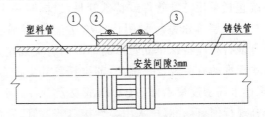

外径不等塑料管与铸铁管不锈钢卡箍连接（二）

1-转换橡胶圈；2-紧固螺栓；3-不锈钢卡箍带

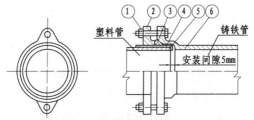

外径不等塑料管与铸铁管法兰连接（三）

1-紧固螺栓；2-法兰压盖；3-橡胶密封圈；4-塑料转换接头；5-插口端；6-承口端

图 8　外径不等塑料管与铸铁管连接示意

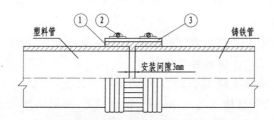

外径相等塑料管与铸铁管不锈钢卡箍连接

1-橡胶密封圈；2-紧固螺栓；3-不锈钢卡箍带

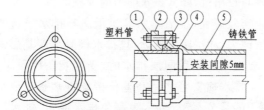

外径相等塑料管与铸铁管法兰连接

1-紧固螺栓；2-法兰压盖；3-橡胶密封圈；4-插口端；5-承口端

图 9　外径相等塑料管与铸铁管连接示意

3.6 管道布置和敷设

3.6.1 本条为同层排水部位的排水管道布置和敷设规定。其首要原则是要必须保证排水通畅。卫生器具、地漏的排水性能与其排水口至排水横支管之间的高差、排水横支管的坡度有关，同层排水的卫生器具排水口至排水横支管之间落差较之传统的异层排水要小，如排水不畅、管道坡度不足可能导致排水滞留、地漏溢水，埋下堵塞隐患。因此，强调器具排水管、排水横支管的布置和敷设不得造成排水滞留、地漏冒溢，并对器具排水管、排水横支管的连接管件、管径及坡度等提出了具体要求：

  1 规定器具排水管与排水横支管连接采用 45°斜三通或 90°顺水三通，是为了保证排水顺畅。

  2 要求排水横支管转弯次数不大于 2 次，主要是为了避免过多的转弯降低排水动力，有利于排水畅通，降低堵塞风险。

  3 排水横支管变径，下游排水管管径大于上游排水管管径，采用偏心异径管径，且管顶平接，是为了改善上游排水管排水条件，防止出现淹没出流，降低排水能力的现象。

  4 根据实验研究，生活排水输送距离与排水横管坡度呈正相关性，坡度越大，冲洗距离越远，且排水横管坡度是影响污物输送距离的主要因素。采用同层排水时，受客观条件限制，卫生器具的排水口至排水横支管之间高差比传统排水系统要小，同时，目前普遍使用的是节水型产品，为避免排水滞留、排水不畅等可能造成的泛水、堵塞隐患，必须保证充足的管道坡度，规定排水横支管的坡度不应小于通用坡度。对排水塑料横支管，按照国家标准或行业标准生产的建筑排水塑料管件，其三通汇合管件的夹角为 88.5°，折合成排水横支管的设计坡度即为标准坡度 0.026。采用高标准用水效率的节水型坐便器时，其排水横支管应按照标准坡度。排水管道的通用坡度见本标准表 3.8.6 和表 3.8.7。

3.6.2 本条为对排水管径的规定。排水立管管径不得小于其所连接的横支管管径。

3.6.3 本条为排水横支管与立管的连接要求。特殊单立管系统中的排水横支管与立管连接可采用特殊配件,如苏维托管件有 6 个预留接口,当排水横支管需要在同层上、下两排同时接入立管时,可采用苏维托接头。特殊配件与排水横支管连接的具体要求应按照相应特殊单立管系统标准执行。

3.6.4 本条为排水立管检查口的设置规定。住宅中生活排水立管每层设置检查口有利于避免上下住户的互相干扰,同时,考虑到同层排水管道在隐蔽前必须做灌水密封性试验,为便于验收时可利用检查口逐层进行灌水试验,要求立管上的检查口应每层设置。

3.6.5 本条为同层排水系统的防火安全规定。现行国家标准《建筑设计防火规范》GB 50016 对于管道穿越楼板、防火墙、防火隔墙的阻火措施有强制性规定,对受高温或火焰作用易变形的管道在其贯穿楼板部位和穿越防火隔墙处也有阻火措施要求。现行国家标准《建筑给水排水设计标准》GB 50015 也有相应规定,要求金属排水管道穿越楼板和防火墙的洞口间隙、套管间隙应采用防火材料紧密填实进行封堵;塑料排水管应在其穿越防火墙部位的两侧、穿越管道井壁部位的外侧以及立管穿越楼板部位的楼板下侧等处设置阻火装置。如设置阻火圈,阻火圈的耐火极限不应低于管道贯穿部位建筑构件的耐火极限。采用苏维托单立管系统的排水塑料管时,穿越楼板的异形管件处可采用阻火带。具体防火封堵措施可参考现行协会标准《建筑防火封堵应用技术规程》CECS 154 选用,由建筑设计确定。

3.6.7 本条为排水管道穿越楼板、墙体等处时的防水规定。按照现行国家标准《建筑给水排水设计标准》GB 50015 中的相应要求,排水管道在穿过地下室外墙或地下构筑物的墙壁处应采取防水措施,通常是在这些位置设置防水套管。排水系统伸顶通气管出屋面处的防水,可参照现行国家标准《屋面工程技术规范》GB 50345 中的相应部位防水细部构造做法。穿越室内楼板、墙壁的排水管道,依据现行国家标准《建筑给水排水及采暖工程施工质量验收规范》GB 50242 的有关规定,应设置套管。按照现行行业标准《住宅室内防水工程技术规范》JGJ 298 的有关规定,厨房和卫生间都是有防水设防的功能房间,排水立管在穿越该部位的楼板时应采取防水措施。直接设置在有防水层部位或同层排水区域的排水立管,应按规定设置防水套管。对于穿越设有防水层处的同层排水区域墙体或管道井隔墙的排水横支管,应在穿墙处采取防水密闭措施。器具排水管穿越防水设防的建筑面层时的防水应按照现行行业标准《住宅室内防水工程技术规范》JGJ 298 的规定,在管根部位增加施做防水附加层,并采用密封材料嵌填压实,做法可参照地漏部位的防水构造。

3.7 装配式卫生间

3.7.1 装配式卫生间应符合工业化批量生产要求,应准确预留洞口或安装位置,后期敲凿既会影响给排水工程的施工质量和使用功能,又会降低建筑结构的承载力。

3.7.2 装配式卫生间应进行管线深化设计,采用包含 BIM 在内的多种技术手段开展三维管线综合设计,对各专业管线在预制构件上预留的套管、开孔、开槽位置尺寸进行综合及优化,形成标准化方案,并做好精细设计以及定位,避免错漏碰缺,降低生产及施工成本,减少现场返工,不得在安装完成后的预制构件上剔凿沟槽、打孔开洞,为工业化生产创造基本条件。需要特别注意的是,对于工厂化大规模生产的装配式预制构件,构件上的留孔、洞、沟槽、套管、管道等必须详细准确的表达在拆分的构件图纸上,以保证生产的装配式预制构件与现场情况的匹配。因此,如有预埋在预制板中的同层排水系统的部品部件,应在拆分件图纸中表达出相关信息。

3.7.3 装配式卫生间部品部件应具有通用性和互换性。采用标准化接口的内装部品,可有效避免出现不同内装部品系列接口的非兼容性;在同层排水设计上,应严格遵守标准化、模数化的相关要求,提高部品之间的兼容性。

3.7.4 装配式卫生间受布局影响,用于布置排水管道的空间有限,污废合流系统有助于减少管道交错空间,但在条件允许时可以优先采用污、废水支管分流,立管合流的敷设方式。根据有关调研情况可知,HDPE 电熔管箍连接和热熔承插连接由于管材管件由完全相同的材料制成,热熔后管件连接处能融为一体,彻底密合,避免虚焊,避免了日后的渗漏隐患,予以推荐优先采用。大便器等大排水量的卫生器具宜靠近排水立管,以最短路径接入系统。

3.7.5 设置整体卫生间时,应结合土建条件,与生产厂家协调需要预留的安装空间、管线走向、标准接口等进行一体化设计。本条第 1 款中的敷设方式包括沿墙敷设和地面敷设,当卫生间净空高度要求较高时,宜采用墙体敷设,卫生器具通常采用"一"字形(沿同一面墙体)或呈"L"形(沿相邻的两面墙体)的布置方式;当卫生间净空高度足够时,可采用地面敷设。地面敷设可以采用结构降板,也可以不降板,不降板方式常用于改建项目或者特殊场所如邮轮等。整体卫生间应在敷设管道的部位预留安装和检修的空间。第 5 款,管道检修口应综合机电管线设置合理定位。

3.7.6 叠合楼板是装配整体式混凝土建筑的一种楼盖结构,由工厂预制、现场装配浇筑和建筑构造层施工等组成。常规叠合板的预制厚度一般不小于 60mm,后浇混凝土叠合层厚度不应小于 60mm。按照现行上海市工程建设规范《装配整体式混凝土居住建筑设计规程》DG/TJ 08－2071 的有关规定,厨房、卫生间等有防水、防潮要求的部位宜采用现浇钢筋混凝土楼板或整块叠合楼板,不宜采用空心楼板。本条第 1 款,参照现行行业标准《装配式住宅建筑设计标准》JGJ/T 398 中"预制结构部件中管线穿过时,应预留孔洞或预埋套管""给水排水管道穿越预制墙体、楼板和预制梁的部位应预留孔洞或预埋套管"和现行上海市工程建设规范《装配整体式混凝土居住建筑设计规程》DG/TJ 08－2071 等有关规定提出,装配式建筑不应在预制构件安装完毕后剔凿孔洞、沟槽等,因为现场随意开孔开槽可能会影响结构安全,所以,在结构深化设计前应采用 BIM 技术进行管线综合,对预制件上的预留洞、预埋套管、开槽等进行精细化设计及定位,减少错漏碰缺和现场返工。第 2 款,按照现行行业标准《装配式住宅建筑设计标准》JGJ/T 398 的有关规定,采用叠合楼板时,要求管线与建筑结构体分离,可保证管线维修与更换不破坏建筑结构体,同时,应保证叠合楼板的防火、防腐、隔声、保温等性能。采用同层排水方式进行结构降板的区域建议采用架空地板系统的集成化部品,并根据排水管线的长度、坡度经计算确定架空高度。

3.8 设计计算

3.8.4～3.8.7 排水管道坡度是影响坐便器污物输送能力的重要因素。试验测试显示,塑料排水管道在标准坡度下,6L 坐便器采用 dn110 和 dn90 管道时的污物冲洗距离基本可达到现行国家标准《卫生陶瓷》GB 6952 对排水管道输送距离的要求;但随着坡度的减小,冲洗距离随之变小,当坡度为最小坡度 0.004 时,6L 坐便器通过 dn110 或 dn90 管道时均已小于自清流速。本市目前对用水器具节水用水效率等级要求为 2 级,坐便器平均用水量不应大于 5L,双冲全冲时的用水量不应大于 6L。因此,为保证排水通畅,本标准要求排水横支管应不小于通用坡度。

充满度是指重力排水系统的横管水流在管渠中充满程度,用水深 h 与管径 d 之比值表示,即 h/d。充满度过大,将影响排水横管内空气的流动,对平衡管道内正负压、保护卫生器具水封不利;

充满度过小,将影响排水横管的水流工况,污物易于沉淀。欧洲标准中十分关注这个问题,《建筑物内重力排水系统》EN 12056在划分排水系统类型时,把管道的设计充满度作为考虑分类的主要因素之一,按设计充满度 $h/d=0.5$、0.7 及 1.0 来进行排水系统配置,排水当量、排水流量、管径选用等参数围绕不同的设计充满度来设定。近年来,由于节水型用水器具的推广应用,坐便器冲水量减少,欧洲等国家已推荐采用 dn90 等排水管道,通过提高充满度来保证管道的通畅。

3.8.8 建筑设计中采用节水型生活用水器具是节水的一项重要措施。根据现行国家标准《坐便器水效限定值及水效等级》GB 25502 的规定,节水型坐便器已得到普遍使用,并出现冲水量进一步降低的趋势。当冲水量减少后,污物的输送能力不仅与排水横管的设计坡度有关,而且与排水横管的管径密切相关,即冲水量相同时,管径的减小可提高排水管道的充满度,对坐便器冲洗水量减小后的污物输送能力有利。根据实验,dn90 排水管道的水力性能略优于 dn110 排水管道,在相同的坡度和冲水量下,dn90 排水管道的冲洗距离基本都大于 dn110。因此,对于住宅套内卫生间,当满足一定条件时,可采用 dn90 管道。参考欧洲标准 EN 12056-2 的有关规定,本标准对使用 dn90 的管道提出了限制条件:①排水横支管仅承担 1 个大便器排水;②排水横支管的展开长度(从自带水封的卫生器具出水口至立管的排水支管总长度)不应超过 4m,排水横支管转 90°弯的数量不应超过 2 个;③排水横支管坡度不应小于通用坡度。另外,需要说明的是,目前高密度聚乙烯(HDPE)管材有 dn90 的规格,其他塑料管材对应的还是 dn110 规格。因此,本条是指对于单个大便器排水,建议高密度聚乙烯(HDPE)管采用 dn90 管道,其他塑料管材仍采用 dn110 管道。

4 施 工

4.1 一般规定

4.1.1 施工单位应具有同层排水施工资质并实施过 3 个及以上的工程案例,以确保施工质量;施工前,安装人员应了解同层排水卫生器具、管材、管件、地漏等配件的性能及安装要求,掌握操作要点和安全生产规定。

4.1.2 同层排水系统的施工安装应与土建工程及其他专业、内装工程的施工工序统筹协调。当设置整体卫生间时,如条件具备,整体卫生间宜在其外围墙体施工前安装,以利于保证安装质量和减少安装操作空间。当采用先施工该部位四周外围墙体时,其门洞尺寸应能满足防水盘的进入和安装要求。

4.1.3 安装人员应配合土建做好管道穿越墙体、楼板处的预留孔洞、预埋件等工作。

4.1.6 同层排水卫生间地坪发生渗漏,将造成卫生隐患,引起发潮、发霉,影响住户的健康。造成地面防水渗漏的原因很多,除了防水构造未严格实施之外,野蛮施工和二次装修导致防水层的破坏和失效是主要问题。因此,不仅在同层排水部位的地面(包括楼板结构层上和地面装饰层下设置两道防水层)、墙面均应设置有效的防水构造;同时,施工中还必须保证防水层的完整性,支架、设施的安装以及管道的敷设均不能破坏防水层,以保证同层排水的工程质量和卫生安全。特殊情况下防水层被破坏后需要对地面或墙面防水进行二次修补。

4.2 施工准备

4.2.2 本条规定了装配式卫生间的施工准备工作。在全面施工前,先进行图纸深化和工厂化定制的前期准备工作,以便进行整体的质量控制。

4.2.3 整体卫生间包括防水盘、壁板、顶板及支撑龙骨等主体框架,内部还设有卫生器具和其他功能配件及内饰,应是结合土建条件、机电设备与管线系统、内装系统进行一体化设计后的相应标准产品。同层排水系统设置整体卫生间时,卫生间同层排水的管道、管件等预制件应符合本标准第4.2.2条第2~4款的有关要求,整体卫生间的生产制作、包装、运输以及安装准备等应满足现行行业标准《装配式整体卫生间应用技术标准》JGJ/T 467中的相关要求。整体卫生间安装前,其安装的楼板面应按设计要求完成施工,与整体卫生间连接的管线也应敷设至安装要求位置,且应已验收合格。

4.3 管道安装

4.3.1 因同层排水施工与土建施工在现场会有交叉作业,故对施工工序作了相关规定。排水立管和隐蔽式支架的安装应在土建防水作业的第一道防水之前安装完毕,避免管道安装和隐蔽式支架安装时破坏防水层。排水立管应根据设计图纸所示位置在墙上画出安装线,安装线应垂直于楼层地面。隐蔽式支架应按照设计定位根据现场画线安装。排水横管系统安装,其横支管坡度应符合设计要求,严禁出现无坡或倒坡。隐蔽工程的灌水通水试验应符合本标准第5.2节的有关要求。

4.3.2~4.3.4 此两条规定了建筑排水高密度聚乙烯管连接的方式、要求和操作步骤。电熔管箍连接、热熔对焊连接等热熔熔

— 67 —

接的接口在熔接时,加热时间、温度、操作压力、冷却方式等应符合规定。电熔管箍是一种专用配件,安装时必须注意管道的插入深度。对焊焊接是一种最简单的管件连接方法,为保证连接质量,对焊两侧管道应是同质材料且应管壁厚度一致,应保持焊接部位及焊接工具的清洁,焊接温度应达到设备指定工作温度方可运行,焊接连接过程中应根据管道壁厚对应图 4.3.4 中加热时间对管道焊接面进行热熔,并应选择相应焊接时间正确对管道施加压力,应保证焊接切断面 90°垂直,须避免用力过大或温度偏高导致管材熔融过多,影响到管道水流断面而产生局部水流受阻的现象。根据管道壁厚,建筑排水高密度聚乙烯管道对焊连接时,其加热时间和焊接时间可查图 4.3.4,表 2 为对应不同管道管径和壁厚查图所得数据,供参考使用。

表 2 焊接、加热时间参考表

公称外径(mm)	管道壁厚(mm)	加热时间(s)	焊接时间(s)
50	3	40	80
56	3	40	80
63	3	40	80
75	3	40	80
90	3.5	50	100
110	4.2	63	120
125	4.8	71	125
160	6.2	92	150

4.3.5 热熔承插连接应注意保证承插深度。

4.3.6 建筑排水柔性接口铸铁管接口有承插式法兰压盖连接和卡箍式连接,管道连接时应按照现行行业标准《建筑排水金属管道工程技术规程》CJJ 127 有关要求进行操作。暗装或相对隐蔽的场所采用不锈钢卡箍连接或法兰连接时,应避免接口处的螺栓、不锈钢卡箍件及紧固件与水泥砂浆等直接接触,防止氯化物离子对螺栓、螺母、钢带、橡胶圈等产生腐蚀,可采取聚乙烯薄膜包裹、沥青涂覆等对连接部件和连接紧固件进行隔离防腐处理。

4.3.7 本条对管道支架(管卡)的材质、形式、防腐和设置安装提出了要求。基于保证排水管道的接口连接处施工质量考虑,本标准第 3.5.2 条对排水管材及配套管件要求采用同一品牌、同一型号,本条第 1 款对支吊架提出由管道供货商配套供应,是为了提升匹配度和控制安装质量。尤其对于塑料管,因其线性膨胀系数较大,管道伸缩变形量大,固定支架的设置位置、支架断面尺寸、支架受力特征等需要合理配置和协调,以限制管道变形,安装牢固,保证管道正常使用。第 4 款,强调支架的设置和安装应能满足管道安装和设计对精确度的要求。第 5 款,当支架与楼板采用螺栓紧固时,应在防水施工前进行操作;如在防水层施工完毕后进行螺栓紧固,应在楼板防水层破损处及时采用防水涂料、密封胶等防水措施进行修补,并进行防水验收合格记录。第 6 款,同层排水的横支管需要固定在结构楼板面上,当固定支架安装于已施工完毕的防水层上时,不得破坏防水层,应采用专用胶粘接固定。胶粘剂应由管道供货商配套供应,且应有合格证明或检验报告,不同品质的胶粘剂不得混合使用。

4.3.8 表 4.3.8-1 和表 4.3.8-2 中的支架间距参照现行行业标准《建筑排水塑料管道工程技术规程》CJJ/T 29 的规定。冷水排水管和热水排水管的定义可参见该规程。

4.3.10 设置伸缩节时,通常立管每层设置 1 个伸缩节,每个伸缩节应在卡槽处采用专用锚固管卡进行锚固固定。设置阻火装置时,管道穿越楼板或墙体应安装阻火圈;排水立管使用异形管件时应采用阻火带。

4.3.11 同层排水区域的楼地面、墙面均应采取有效的防水措施,对于降板(或建筑面层抬高)区域,应在结构楼板面上和装饰地面完成面下分别设置防水层(即设置两道防水),同时,管道、支架及卫生器具等安装施工过程中不得破坏防水层,必须采取措施保证防水层的完整性。按照本标准第4.3.1条的安装程序,在现场预留孔洞、立管和隐蔽式支架安装完毕后,应进行第一道防水层施工。支管系统安装完毕,灌水通水试验合格后进行第二道防水层施工。防水层施工前应确保工地干净、干燥,防水涂料要涂满,无遗漏,与基层结合牢固,无裂纹,无气泡,无脱落现象。具体的防水构造、防水材料选用、防水施工操作等应符合现行行业标准《住宅室内防水工程技术规范》JGJ 298的相关规定。在重点部位要做好防水工作,墙体与地面之间应设混凝土翻边止水坎,地面面层的管道周边应现场水泥浇筑环形阻水圈进行包裹,防水涂料或防水卷材涂刷至防水坎和阻水圈上方;墙面防水层也应达到规定高度;排水立管穿越楼板处宜设带防水翼环的套管,环形缝隙应采用阻燃密实材料和防水密封材料嵌填密实,且密封膏应将套管顶部完全封闭;不规则管件穿越楼板部位应结合楼面防渗漏措施形成固定支撑,管道安装结束后应配合土建紧贴楼板板底进行支模,对预留孔洞可采用C20细石混凝土分两次浇捣密实(第一次为板厚度的2/3,待混凝土强度达到50%后再填实余下1/3厚度),再结合找平层或面层施工,在管道周围筑抹厚度不小于20mm、宽度30mm~35mm的环形阻水圈。当受条件限制管道安装后无法采用两次浇捣密实时,缝隙处应采用建筑专业认可的防火材料填实密封。楼板上的预埋件应在防水施工前完成安装,预埋件固定螺栓长度不得穿透楼板,可用水泥砂浆现浇凸台将支脚部位包裹封闭;暗装排水支管及排水附件应在防水层施工前安装牢固;器具排水管管根、地漏等部位应增设防水附加层。对已做好的防水层要进行成品保护,不得上人走动。经防水检验确认合格、办理验收签证后,方可进行下道工序施工。

4.4 隐蔽式支架安装

4.4.2 固定支架的膨胀螺栓长度应确保比结构楼板厚度小

20mm～25mm,不应穿透结构楼板。隐蔽式安装支架必须固定在承重结构上,为确保防水层的严密性,可用水泥砂浆对支脚部位现浇凸台封闭,并进行二次防水处理措施。

4.4.4 隐蔽式水箱由整体冲水水箱体及水箱配件(进水阀、出水阀)构成,安装在隐蔽式支架上。隐蔽式水箱隐蔽在装饰隔墙内,水箱配件内藏在水箱体内,仅冲洗按板明露在外,水箱配件的维护检修需从按板处取出。隐蔽式水箱要求水箱配件简洁、不易损坏,冲洗按板能便于水箱配件的取出或安放。因此,除了产品使用说明书、产品合格证之外,强调应经过具有省级或省级以上资质检测机构的检测,以确保水箱配件质量,消除隐患。

4.6 预制部品部件安装

4.6.1 产品交货时,业主须对照"托运清单"逐一检查;确认无误后方可收货。

4.6.2 装配式卫生间因为采用工业化生产,一旦预制完成,后期更改调整带来的隐患极大,应先做样板间,安装无误后再安排订单。

4.6.4 装配式卫生间内的管道、卫生器具、地漏及其他部品部件应严格按照设计要求、路由及放线位置敷设,以避免出现安装瑕疵或事故,同时便于后期检修及维护。

4.6.5 整体卫生间安装应遵循装配指导书要求进行。防水盘安装时,底盘的高度及水平位置应调整到位,水平稳固,螺栓脚锁紧,无异响及松动。预留排水管的位置和标高应准确,排水应通畅。整体卫生间的同层排水管道安装应按照设计要求施工。现场安装的排水管接头位置、排水管与预留管道连接接头应牢固密封,确保无渗水。整体卫生间安装完成后,应由相关单位进行整体卫生间外围墙体的施工和门窗安装、收口工作,并做好相应防水处理。

4.6.6 根据现行行业标准《装配式整体卫生间应用技术标准》

JGJ/T 467 的有关规定,工厂组装的整体卫生间应在水平度、垂直度和标高调校合格后固定;整体卫生间排水管道的坡度和支撑架位置应符合要求,排水应通畅;龙头、淋浴器及坐便器等用水设备的连接部位应无渗漏。

4.7 成品保护

4.7.1～4.7.3 同层排水系统实际使用中,经常会发生管道排水不畅或管道堵塞现象,究其原因多数为施工时建筑垃圾堵塞管道所致。同层排水系统属于隐蔽工程,施工现场中敞口的管道和地漏等位置需要进行相应的成品保护,以确保建筑垃圾不进入管道系统。因此,作相应规定。

4.7.4 为避免器具表面出现划伤、污损,对已安装的卫生器具应采取保护措施。

5 验 收

5.1 一般规定

本节规定了同层排水工程的验收按隐蔽工程验收和系统工程验收两阶段进行,规定了验收时应提供的文件资料,便于存档保管。对于同层排水工程,隐蔽工程验收尤为重要,很大程度上决定了同层排水工程的质量。其验收应在管道隐蔽封闭前,且待管道坡度、接口、支架验收及管道灌水试验完成后进行。对此,本标准第5.1.6条对隐蔽工程的验收条件作了明确规定。第5.1.7条第4款的管道试验记录应包括:管道坡度、接口、支架验收、管道灌水密封性试验、管道通球试验、卫生器具满水试验等验收记录。

5.2 验收要求

Ⅰ 主控项目

5.2.1 工程回访发现,渗、漏水是同层排水工程中出现的主要问题,防水是决定同层排水工程成败的关键因素之一。防水验收应根据同层排水方式进行1次或2次防水验收。

5.2.5~5.2.7 对排水器具和管道支架不破坏防水层、管道穿越楼板部位、地漏安装部位的防水措施验收分别给予强调。

5.2.8 针对排水汇集器的验收除满足本标准的要求外,还应遵照产品说明书的要求。

5.2.10 本条强调地面敷设同层排水系统降板区的回填材料不

得混有建筑垃圾。

5.2.18 本条按隐蔽工程验收和系统工程验收两阶段,分别对主控项、一般项的验收内容作了规定,验收中可根据不同的同层排水方式选用。

6 维 护

6.0.2 本条中的用户是指按照不同产权属性的物业所有人,包括工程建设方、物业管理公司以及房屋产权业主或物业使用人。使用说明书应包括使用条件、注意事项及禁止事项、维修及清扫要点、故障或异常情况判断及处理方法、报修方式、其他需要注意事项等内容。

6.0.4 日常检查、维护的目的是为了使同层排水系统保持良好的工作状态。检查和维护的工作应包括:卫生器具是否安装牢固;卫生器具、地漏所设的存水弯是否运行正常;同层排水部位排水是否有渗漏水现象;排水支管是否通畅无淤堵,污、废水是否能迅速排放到立管中,如有淤堵应及时清除管道内杂质,可通过清扫口进行疏通,如无专用清扫口则可通过卫生器具出水口与排水管道的接入口进行操作;应保证除生活污、废水外的其他污、废水不得排入同层排水系统。

6.0.5 用户应文明使用,遵守使用规则,不得将杂物及难溶于水的物质投入下水管道中,以防止杂物阻塞管道,影响排水顺畅。当发现排水管道有淤堵时,应及时报修;当发现楼板、墙壁、地面等处有渗水、积水等异常现象也应及时报修。通常,可由物业管理公司通知相关责任方(如建设方、物业公司或生产厂家等)委派专业人员上门检查,进行处置。

6.0.6 本条对用户提出要求。不建议用户擅自对同层排水系统进行改造。对于整体卫生间,内部的部品更换应由整体卫生间生产厂家进行。如用户在卫生间内增设卫生器具或进行改造时,均不得破坏本层结构层上方的防水层,以免今后产生渗漏水影响下层住户。